음식 처방하는 약사 황해연의

다이어트 마스터 클래스

음식 처방하는 약사 황해연의

다이어트 마스터 클래스

초판 1쇄 발행 2026년 3월 30일

지은이 | 황해연
펴낸이 | 황해연

편집 | 최원정
디자인 | 스튜디오 수박
유통 및 마케팅 | F83프로젝트

펴낸곳 | 팜씨마켓
출판사 등록일 | 2026년 2월 25일
주소 | 경기도 성남시 수정구 위례서일로 26, 705호(창곡동)
전화 | 070-8870-9984
Email | novica74@naver.com

푸드 스타일링 | 스튜디오 사슴
요리 | 박소현, 이인선, 손모아

인쇄 | (주)홍인그룹

ISBN 979-11-997986-0-1 13590

ⓒ 황해연 2026
Printed in Korea

음식 처방하는 약사 황해연의

다이어트 마스터 클래스

황해연 지음

다시 여름
Re:Summer

체지방만 10kg 감량,
갱년기 나잇살의 마침표를 찍다

지속 가능한 '대사 리셋' 식사법

나는 오랜 시간 음식으로 몸을 회복시키는 일을 해왔다. 약으로 증상을 누르는 일보다 왜 몸이 망가졌는지 묻고 그 답을 음식에서 찾는 길을 선택했고, 수많은 질병의 이름 뒤에 숨은 잘못된 식습관의 흔적을 보아왔다. 치유 음식들을 개발하는 과정은 당뇨, 고혈압, 대사질환처럼 몸의 균형이 무너진 상태에서 비롯되는 문제들을 근본에서 다시 바라보게 되는 과정이기도 했다. 세상 모든 질병의 시작과 끝에는 늘 음식이 있었다.

하지만 나 역시도 나잇살을 피해가진 못했다. 폐경과 함께 찾아온 소위 나잇살은 평생 날씬했던 나를 69kg이라는 낯선 숫자 앞에 서게 만들었다. 모든 에너지를 운동에 쏟아부었지만 빠지는 듯 하다가도 다시 찌기를 반복하다 보니 결국 "나잇살은 어쩔 수 없지."라며 체념하곤 했다. 그러다 이 또한 결국 운동이 아니라 음식에 해결책이 있다는 사실을 곧 깨닫게 되었다.

약국 일로 늘 바빴던 나의 식사에는 단백질과 지방이 절대적으로 부족했다. 끼니를 거르지는 않았지만, 급히 김밥 한 줄이나 채소 반찬 몇 가지와 현미밥 등으로 식사를 하곤 했다. 겉으로는 소박하고 담백한 식사였지만, 실상은 탄수화물 위주였고 이는 배고픔을 불러와 식사 후에도 간식을 즐겨 찾곤 했다. 게다가 갱년기가 성큼 다가오자 살이 붙는 속도는 더욱 빨라졌다. 내 몸은 어느 순간부터 대사탄력성을 잃어버린 것이다. 이 흐름을 바꿔놓는 것이 급선무였다.

이후 나는 식탁을 완전히 바꾸었다. 해물, 고기와 채소를 충분히 먹었고, 모자라다 싶으면 더 먹었다. 냄비 하나로 끓여낸 차돌된장찌개, 바지락마늘찜, 토마토나베 등 풍성한 해물과 고기가 어우러진 저탄수 식탁은 다이어트 식단이라기보다 '잘 먹는 한 끼'에 가까웠다. 그렇게 먹었을 뿐인데 근육은 유지한 채 체지방은 빠졌고, 몸은 점점 가벼워졌다. 3주 만에 체지방 4kg이 감량되었고 수시로 찾아오는 식욕에서 해방되었다. 지금은 체지방 10kg 감량한 상태를 유지하고 있다.

· 갱년기가 찾아오며 더 이상 예전의 몸매로 돌아갈 수 없다고 생각했지만, 식단으로 체지방 10kg을 감량한 지금의 나는 그 어느 때보다 활력이 넘치고 건강하며 탄력 있는 몸을 갖게 되었다.

대사가 회복되면 살은 저절로 빠집니다

다이어트 프로그램을 설계하고 운영하며 알게 된 분명한 한 가지는 살이 찌는 몸은 게으른 몸이 아니라 균형이 깨진 몸이라는 사실이다. 다이어트를 반복해도 늘 제자리로 돌아오는 이유, 조금만 방심하면 붓고, 참아왔던 식욕이 한 번에 터져 폭식으로 이어지는 이유는 의지의 문제가 아니다. 살이 쉽게 찌는 사람은 대부분 몸이 이미 염증으로 지쳐 있고, 호르몬 균형이 무너져 있으며 대사 능력이 떨어진 상태이다. 이런 사람에게 칼로리를 줄이라고, 덜 먹고 더 움직이라고 요구하는 것은 회복이 아니라 또 하나의 부담을 얹는 일이다.

그래서 이 책의 다이어트 레시피는 몸의 염증을 가라앉히고 호르몬 흐름을 되돌리고 대사가 다시 원활해지도록 돕는 '치유 음식'이라는 원칙 위에서 구성되었다. 대사가 회복되면 체지방은 자연스럽게 빠지고 근육은 유지되며 요요는 설 자리를 잃는다. 억지로 끌어내린 결과가 아니라 몸이 제자리를 찾으며 나타나는 변화이다.

수년간 치유 음식을 개발해오며 쌓아온 경험을 살려, 이번에는 오롯이 '대사 리셋'을 위한 레시피를 새로 설계했다. 가장 건강한 방식으로, 그러나 맛을 포기하지 않는 저탄수 조리법을 개발했으며 식재료가 가진 고유의 성질을 최대한 살려 균형을 잃은 대사를 자연스럽게 제자리로 돌려놓는 식단을 구성했다.

체수분과 미네랄을 채워야 쉽게 빠집니다: 죽염수 요법의 비밀

이 다이어트의 핵심은 근육량은 유지되거나 오히려 늘고, 체지방만 줄어든다는 점이다. 그래서 몸은 가벼워지지만 오히려 에너지가 넘친다. 그리고 이 변화의 한가운데에 죽염수가 있다.

왜 죽염수일까? 체수분과 미네랄이 채워질 때 비로소 우리 몸은 지방을 태울 준비를 한다. 이 프로그램에서 죽염수 요법은 우리 몸의 당 중독을 해결하고 지방 분해를 돕는 가장 강력한 조력자다.

아홉 번 구워 불순물을 없앤 죽염은 풍부한 미네랄을 공급하고 세포 환경을 정상화하는 데 탁월한 역할을 한다. 특히 적절한 농도의 죽염수는 탈수 증상 없이 체수분을 충분히 높여준다. 무엇보다 죽염수는 가짜 배고픔의 해결사이다. 공복감이 느껴질 때 죽염수를 마시면 식욕의 굴레에서 해방되는 데 큰 도움이 되며 저탄수 식단 초기에 겪는 불편한 증상을 완화시킨다.

죽염수로 체수분을 충분히 채우면 근육을 지키는 동시에 피부 상태를 개선시킬 수 있다. 그래서 다이어트 프로그램 참여자들이 이구동성으로 이야기하는 것이 살이 많이 빠졌는데도 주름이 생기기는커녕 오히려 피부 상태가 개선되고 탄력 생겼다는 것이다.

많은 사람들이 소금에 대해 오해하고 있지만 소금을 무조건 줄이는 것이 능사라고 생각하는 것은 매우 위험하다. 오히려 내 몸 상태에 알맞게 소금을 섭취하는 방법을 적극적으로 알려고 노력해야 한다. 체액의 균형을 유지하고, 세포가 제 기능을 하도록 돕는 생명 유지의 기반인 소금에 대한 오해를 바로잡고, 내 몸에 맞게 섭취하는 방법을 아는 것만으로도 다이어트는 물론이고 평생 건강한 몸을 유지하는 데 큰 도움이 될 것이다.

내장지방과 대사 질환을 한 번에 잡는 식단

실제로 이 다이어트 프로그램은 이미 수십 차례에 걸쳐 운영되었고, 참여자 대부분이 체지방 감량에 성공했으며 건강 상태가 좋아지는 결과를 보였다. 특히 대사질환이 함께 개선된 사례들이 가장 많았다. 당뇨·고혈압·고지혈증 위기에 처했던 53세 여성 참여자는 100일 만에 체지방 7.4kg을 감량했다. 의사조차 놀랄 정도로 혈액 검사 수치가 개선되어 당뇨약 처방이 취소되었고, 만성적인 역류성 식도염과 위장 통증에서도 해방되었다.

갑상선 암 수술 후 활동량이 줄어들며 바지 사이즈가 30인치까지 늘어났던 48세 주부는 체지방 7kg 감량으로 다시 27인치 바지를 입게 되었으며 고질적인 부종과 피부 건조증, 각질 문제까지 한꺼번에 해결되었다. 대사 기능이 회복되면서 전반적인 건강 상태가 좋아진 것이다. 이 모든 것이 운동 없이 식단을 바꾸어 일어난 변화이다.

이 책은 방법을 몰라 몸을 해치는 다이어트를 하는 많은 이들을 돕기 위해 쓰였지만, 그 시작은 나 자신을 위한 기록에 가까웠다. 오랫동안 '푸드닥터'라 불리며 건강 상담을 해왔지만, 정작 나의 체중이 서서히 늘어갈 때 나는 하루하루 늘어나는 숫자 앞에서 무력감을 느꼈다. 평생 체중 관리 따위는 고민하지 않아도 될 것이라 믿었던 자만심이 무너지는 순간이었다. 나 자신의 건강을 위해서도, 나에게 답을 묻는 사람들을 위해서도 반드시 숙제를 풀어야 했다.

결국 그 해답을 찾아 가장 먼저 나 자신의 자신감과 건강을 되찾는 데 성공했다. 이후 나는 그 과정을 정리하고, 누구나 따라 할 수 있도록 식단을 체계화했다. 무리한 운동도, 극단적인 절식도 필요하지 않았으며 대사를 바로잡는 데에 필요한 시간은 3주 정도였다.

이 책을 따라 다이어트를 하는 동안 자신을 몰아붙이지 않아도 된다. 몸의 시스템을 의심하지 말자. 이 3주의 다이어트 프로그램을 지금까지 충분히 돌보지 못했던 몸의 상태를 음식으로 하나씩 회복시키는 과정이라고 생각하면 좋겠다.

이 책이 여러분에게 다시는 실패하지 않을 마지막 다이어트의 길잡이이자 건강한 삶으로 나아가는 출발점이 되기를 바란다.

황해연

PART 1

"내 몸을 해치는 다이어트 STOP!"
근육은 지키고 체지방만 태우는 대사 리셋 다이어트

02

week 02

지방을 태우는 몸으로 돌입!

둘째 주 다이어트 레시피

04

Snack & Drink

**탄수화물이
그리울 때 즐기는
저탄수 간식과 음료**

저탄수 간식과 음료 레시피

PART 1

“내 몸을 해치는 다이어트 STOP!”
근육은 지키고 체지방만 태우는 대사 리셋 다이어트

지속 가능한
다이어트를 찾다

✕ 음식 처방하는 약사의 다이어트 분투기

나는 약사다. 그것도 약 대신 음식을 처방하는 약사이다. 그동안 음식을 처방해 많은 사람들의 건강 문제를 해결해 왔고, 회복이 불가능해 보이던 나 자신도 치유했다. 그런데 이상하게도 살은 빠지지 않았다. 건강은 분명 전보다 훨씬 좋아졌는데 체중계는 여전히 69kg을 가리키며 꿈쩍도 하지 않는 것이다.

체중계 위에 서면 나도 모르게 한숨이 새어 나왔다. 작년에 맞이한 폐경은 몸에 더 큰 변화를 가져왔고 55kg이었던 몸무게가 어느새 69kg까지 늘어나 있었다. 평생 날씬한 몸으로 살아왔던 나에게 변해버린 모습은 낯설기만 했다.

옷장의 옷들도 서서히 변했다. 처음에는 몇 벌의 바지가 불편해졌다. 그러다 어느 순간 수납장 깊숙이 밀려났다. 결국 옷장에서 완전히 사라졌고 대신 고무줄 바지가 그 자리를 차지했다. 자연스럽게 밴딩 없는 옷은 쳐다보지도 않게 됐다.

'나잇살은 어쩔 수 없지.', '폐경기니까 당연한 거야.', '뱃살은 인격이지!' 이런 생각을 하며 그저 체념하고 받아들여야 하나 생각하기도 했다. 아마 40대 이상의 많은 여성들이 이런 생각들을 할 것이다.

살이 찌자 일에도 영향을 미쳤다. 약국에서 환자들과 진지한 상담을 하다가도 다이어트 이야기만 나오면 갑자기 작아지는 내 자신을 발견했고 강의할 때도 자신감이 떨어지는 것을 느꼈다. '음식 처방하는 약사'가 살 찐 모습을 보여주는 것이 환자들에게 신뢰감을 주지 않을 거라는 생각에 마음이 무거워졌다.

이대로는 안 되겠다 싶어 다이어트를 결심하고 운동에 매진했다. 개인 트레이너의 지도를 받으며 헬스장에서 운동하고, 틈만 나면 걷고 등산도 하면서 일하는 시간 외의 모든 시간을 운동에 쏟아부었다. 채식 위주의 건강한 음식을 매일 챙겨 먹었고, 운동도 열심히 했는데 좀 빠진다 싶으면 정체기가 이어졌고 어느 날 외식이라도 하면 금방 예전의 몸무게로 돌아갔다. 그동안 노력과 의지력만큼은 누구에게도 지지 않는다고 자신해 왔는데 매일 각오를 다져야 하는 힘든 다이어트에도 불구하고 결국 실패의 연속이었다. 이렇게 한동안 '적게 먹고 많이 움직이면 살이 빠진다.'라는 낡은 다이어트 공식에 얽매여 억지로 식욕을 억누르고 운동 시간을 늘리는 데만 집중했다.

과거에는 효과가 있었던 방법이 더 이상 통하지 않자 혼란스러웠다. 결국 30대까지 적당히 관리해도 날씬했던 내가 이제 운동을 해도, 적게 먹어도 빠지지 않는 몸이 되었다는 것을 인정할 수밖에 없었다. 다른 방법이 필요했다.

일단 내 몸에 일어난 변화를 깊이 들여다보았다. 그러자 몇 년 전부터 식욕 조절이 점점 더 어려워졌다는 사실을 인지하게 되었다. 처음에는 단순히 나이가 들어서, 혹은 의지가 약해져서 그렇다고 여겼다. 그러나 자세히 들여다보니, 그 이면에는 더 복잡한 문제가 도사리고 있었다.

나는 약국이나 집에서 간식을 즐겼다. 육류를 거의 먹지 않은 것도 문제였다. 한 달에 한두 번 정도 먹었을까? 건강에 대한 열정으로 채소와 곡물 위주의 식단을 고수하면서, 알게 모르게 단백질과 지방의 섭취가 지나치게 부족해졌던 것이다. 이러한 영양 불균형은 뇌에 지속적인 결핍 신호를 보내, 결국 식욕 증가로 이어졌다. 더 큰 문제는 이때 필요한 단백질과 지방 대신 탄수화물 위주의 음식을 섭취하면서 악순환이 반복되었다는 점이다.

지금 돌이켜보면 운전을 하면 늘 졸리고 남이 운전을 해도 옆에서 자기 일쑤였던 것도 탄수화물에 치우친 식사 때문이었다. 책을 펴면 머리가 아득해지고 강의를 들으며 졸았던 것도 인슐린 저항성과 연관되어 있었다.

체력이 떨어지고 살이 찌는 몸이 된 것은 쓰디쓴 현실이었다. 가장 억울한 점은 절식하며 운동을 하는 다이어트가 내 몸을 점점 살 찌는 체질로 만들었다는 사실이다.

✖ 대사 리셋의 시작

나는 본격적으로 내 몸에 맞는 다이어트 방법을 찾기 시작했다. 지방을 쌓기만 하고 사용하지는 않는 잘못된 몸의 시스템을 바꾸어야 했다. 예전처럼 굶주림을 참으며 힘들게 운동하는 다이어트는 오히려 몸을 망치는 길이었고 하고 싶지도 않았다. 살이 찌는 원리와 호르몬의 상호작용에 대해 공부할수록 그동안의 힘들고 스트레스만 가득했던 다이어트가 왜 실패했는지 분명해졌다. 평생 사람의 몸에 대해 공부해온 내가 진부한 다이어트 공식에 빠져 있었던 것이다.

이제는 다이어트를 하면서 건강도 챙기고 삶도 즐기고 싶었다. 인생은 늘 새로운 장애물로 가득하고, 일하랴 애들 돌보랴 바쁜데, 다이어트에 많은 에너지와 노력을 기울이며 스트레스를 더하고 싶지는 않았다. 어차피 그렇게 해서는 지속하기도 어렵다는 것을 쿨하게 인정하고 가급적 짧은 기간 내에 대사탄력성을 회복하는 방법을 찾는 것부터 시작했다.

그렇다고 탄수화물을 아예 배제하고 버터나 고기를 억지로 먹는 느끼한 식단으로 나를 괴롭힐 생각도 없었다. 그런 방식 역시 다시 실패로 이어질 가능성이 크다고 느꼈기 때문이다.

가장 먼저 내가 바꾼 것은 체중계였다. 기존의 체중계를 버리고 가정용 인바디 체중계를 샀다. 체중계 숫자에 일희일비하는 것은 완전히 잘못된 접근이다. 핵심은 체중이 아닌 체성분에 있다. 체중은 거짓말을 하기 때문이다. 같은 70kg이라도 어떤 사람은 건강하고, 어떤 사람은 비만이다. 체중이라는 숫자 하나로는 우리 몸의 진짜 상태를 알 수 없는 것이다.

실제 사례를 하나 들어보자. 내가 운영하는 다이어트 프로그램에 참여한 여성의 경우다. 2주 동안 프로그램을 실천했지만 체중 감소는 고작 2kg에 불과했다. 하지만 인바디 결과는 놀라웠다. 체지방은 6kg나 줄었고, 근육량은 오히려 증가한 것이다. 만약 체중계만 보았다면 그녀는 자신의 놀라운 변화를 전혀 알지 못했을 것이다. 체지방과 근육을 구분해 확인해야 하는 이유이다.

근육과 지방은 같은 1kg이라도 차지하는 부피가 전혀 다르다. 지방은 근육보다 훨씬 큰 공간을 차지한다. 그래서 지방 1kg이 빠지면 눈에 띄는 변화가 생기지만, 근육 1kg이 빠지면 겉으로는 거의 표가 나지 않는다.

이 두 조직의 대사적 역할 차이도 중요하다. 근육은 우리 몸의 대사 엔진이다. 근육량이 많을수록 기초대사량이 높아지고 지방을 더 효율적으로 태울 수 있다. 반대로 근육을 잃으면 대사가 둔화되고 같은 양을 먹어도 살이 더 잘 찌는 체질로 변한다. 우리가 절대적으로 근육을 잃지 않는 다이어트를 해야 하는 이유이다. 한편 지방 조직은 에너지 저장고의 역할을 하지만 다양한 호르몬과 사이토카인을 분비하여 우리 몸의 대사와 염증 반응에 영향을 미친다. 특히 내장 지방의 경우,

과도하게 축적되면 인슐린 저항성을 증가시키고 만성적인 저강도 염증 상태를 유발할 수 있다. 그래서 근육은 보존하되 지방만 쏙 빠지는 제대로 된 다이어트를 해야 한다.

나는 현재 운영하는 다이어트 프로그램 참여자에게 인바디 체크를 의무화하고 있다. 매일 아침 같은 시간에 측정하고 기록하도록 하는데 처음에는 번거롭다고 생각하는 사람들도 있다. 하지만 2주만 지나면 달라진다. 자신의 몸에서 일어나는 근육량과 체지방 변화를 알게 되면 그것이 동기부여가 된다. 체중계가 보여주는 것은 그저 숫자일 뿐이다. 하지만 매일 인바디를 측정하면 우리는 몸의 건강 지도를 그리게 된다.

✕ 한국인 입맛에 맞는 건강한 저탄적지 식단을 개발하다

나는 더욱 체계적이고 지속 가능한 식단 변화를 시도했다. 에너지 대사를 정상화하기 위해 본격적으로 저탄수화물 식단을 시작한 것이다. 이 새로운 식단은 내가 그동안 '음식 처방하는 약사'로서 배우고 연구한 모든 지식을 총동원하여 설계한 것이었다.

여기저기서 소개하는 저탄수 요리들은 느끼했고, 매끼 고기나 버터를 먹는 것은 현실적으로 어려웠다. 결국 가장 중요한 것은, 한국인 입맛에 잘 맞으면서도 건강한 '저탄적지' 식단이었다. 그동안 음식치료를 연구하며 어떤 재료가 다이어트에 좋은지, 대사탄력성을 높이는 음식은 무엇인지, 어떻게 하면 설탕 한 숟가락 넣지 않고 맛있게 요리할 수 있는지, 어떤 방법으로 조리해야 영양은 높아지고 다이어트에 도움이 되는지 누구보다 잘 알고 있었기에 다이어트 레시피를 개발하는 과정은 비교적 수월했다.

무엇보다 신선한 채소와 질 좋은 단백질 위주로 식단을 구성하는 데 초점을 맞추었다. 육류와 생선으로 풍부한 단백질과 건강한 지방을 제공하고, 다양한 채소들로 필수 영양소와 식이섬유를 공급하는 식단이었다. 이렇게 매일 영양 가득한 저탄수, 고단백, 적(당한)지방의 레시피로 느끼함 전혀 없는 맛있고 다채로운 요리를 만들어 나에게 선물했다.

이 과정에서 내가 발견한 가장 놀라운 것은 죽염수였다. 저탄수화물, 고단백, 적지방의 식사로 바꾸다 보면 가장 필요한 것이 소금을 충분히 섭취하는 것이므로 나는 미네랄이 풍부한 죽염수를 만들어 늘 가지고 다니며 마셨다.

죽염수가 다이어트의 강력한 조력자라는 사실을 깨닫는 데에는 그리 오랜 시간이 걸리지 않았다. 체수분과 나트륨은 물론이고 칼륨, 마그네슘, 칼슘 등 다양한 미네랄의 균형을 맞추어 주어 우리 몸이 최적의 성능을 발휘할 수 있도록 돕는 죽염수에 대한 이야기는 뒤에서 더욱 본격적으로 다룰 것이다.

현재 나는 다이어트 프로그램 참여자에게 하루 2ℓ 정도의 죽염수를 마시게 하고 있는데 다이어트의 효과를 높여주는 것을 넘어 피로감이 사라지고, 두통이 개선되는 등 긍정적인 효과를 경험한 사람들은 꾸준히 죽염수를 섭취하고 있다.

조미료 선택도 중요했다. 죽염, 죽염된장, 죽염간장, 토마토 등을 사용해 음식의 맛을 내었는데, 이는 다이어트에 도움이 되는 미네랄을 충분히 섭취하면서 음식의 풍미를 살리는 방법이었다.

식사 형태도 변화를 주었다. 찜이나 전골 형태의 요리를 주로 만들어 먹었는데, 이는 영양소의 손실을 최소화하면서도 다이어트를 돕는 방식의 요리이다. 하루에 한 끼 또는 두 끼를 이런 식으로 충분히 먹었다.

가장 큰 변화는 집중적으로 에너지 대사의 흐름을 바꾸는 기간에는 밥, 국수는 물론이고 탄수화물 비율이 상대적으로 높은 일부 채소까지 과감히 배제한 것이었다. 대신 신선한 채소를 통해 복합 탄수화물을 섭취했으며 신선한 육류, 생선, 견과류는 양을 제한하지 않고 충분히 섭취했다.

또 하나의 중요한 변화는 식사 시간을 제한한 것이다. 하루 중 정해진 시간에만 음식을 섭취하는 '시간 제한 섭취'를 했고, 식사할 때는 양이나 칼로리를 계산하지 않고 충분히 먹되, 그 외의 시간에는 철저히 공복 상태를 유지했다. 맛있는 고영양의 음식을 충분히 먹으니 간헐적 단식을 해도 배가 고프지 않았다. 이 새로운 식단은 처음에는 낯설었지만 점차 내 일상의 자연스러운 일부가 되어갔다.

✕ 체지방은 줄고 삶의 질은 높아지다

나의 몸과 마음에 눈에 띄는 변화가 나타나기까지는 채 2주도 걸리지 않았다. 처음에는 확신이 들지 않았던 이 방법이 점차 그동안 풀리지 않던 모든 문제에 대한 해답이 되어가고 있음을 실감하게 되었다. 오랫동안 나를 괴롭혀온 식욕 조절 문제와 군것질 욕구, 체중 증가의 악순환이 하나씩 해소되기 시작했다.

가장 먼저 눈에 띈 것은 체지방의 감소였다. 인바디 측정 결과, 체지방이 4kg이나 줄어들었는데 심지어 근육은 늘어나 있었다. 2~3주 만에 지방을 태우는 몸으로 변화한 것이다.

처음에는 믿을 수 없어 인바디 결과를 여러 번 확인하며 감탄하곤 했다. 지금은

체지방 10kg을 감량한 상태를 유지하고 있다. 맛있는 음식을 충분히 먹고도 요요 없이 체지방만 10kg을 감량한 것이다. 이제는 어쩌다 밥 한 공기를 뚝딱 먹었다거나 면요리 한 그릇 먹었다고 살이 찌진 않는다. 에너지 대사의 방향이 바뀌었기 때문이다. 다만 예전처럼 탄수화물 위주의 식사를 한다면 다시 원래대로 돌아가게 될 것이다.

지방을 태우는 몸으로 바뀌자 드라마틱한 체지방 감량 외에도 삶의 질적 변화가 일어났다. 가장 큰 변화는 에너지 레벨이다. 전에는 오후만 되면 피곤함에 졸음이 쏟아졌는데, 이제는 하루 종일 생기가 넘친다. 환자들과 상담할 때도 더 이상 피로감을 느끼지 않고 밝은 에너지로 집중할 수 있게 되었다. 특히 인상적인 변화는 수면 시간이 줄었음에도 오히려 더 개운해졌다는 점이다. 예전에는 7~8시간을 자도 늘 피곤했는데, 이제는 5~6시간만 자도 맑은 정신으로 하루를 시작할 수 있게 되었다.

감추고 싶던 배는 쏙 들어가고 예전에 입던 작은 옷들을 다시 입게 되자 나의 변화는 주변 사람들에게도 눈에 띄었다. 약국을 찾은 환자들이 어떻게 이렇게 달라졌냐고 물을 정도였다. 거울을 볼 때마다 시간이 거꾸로 가는 듯했다. 예전에는 체형 커버에만 신경 쓰던 옷들로 가득했는데 이제는 입고 싶었던 옷들로 가득 채울 수 있다. 특히 오래전 입었던 원피스들을 다시 꺼내 입을 수 있게 된 것이 가장 큰 기쁨이다. 쇼핑할 때도 더 이상 사이즈 걱정은 하지 않아도 된다.

식욕과의 전쟁에서도 승리했다. 이전에는 하루 종일 무언가를 계속 먹고 싶어 음식 생각에서 벗어나지 못했는데, 이제는 배고픔을 제어할 수 있게 된 것이다.

초반에는 기본 원칙을 엄격하게 지키는 것이 중요하다. 하지만 일단 방법을 터득하고 나면, 자신만의 편안한 페이스를 찾게 된다. 시간 제한 섭취도 익숙해지면 별다른 어려움 없이 해낼 수 있게 된다. 그렇게 되면 공복 중에 머리가 더 맑아지고 집중력이 높아지는 것을 경험하게 된다. 음식이 나를 통제하는 것이 아니라, 내가 음식을 통제하게 되는 것이다.

체지방이 줄어들면서도 춥거나 기운이 없는 증상이 나타나지 않아 신기했다. 가끔 기력이 떨어지거나 힘들 때면 철분제나 콜라겐 제품의 도움을 받기도 했다. 시간 제한 섭취를 시작하면 초기에 불면증이나 근육 경련이 나타날 수 있으므로 이런 보충제들을 섭취하는 것도 도움이 된다. 공복감이 느껴지거나 무언가 먹고 싶을 때면 항상 죽염을 희석한 물을 마셨다. 이는 단순히 갈증을 해소하는 것을 넘어 체지방 연소와 근육량 보존을 위해 꼭 필요한 과정이었다.

이런 생활을 지속하면서 나는 마침내 식욕의 굴레에서 벗어난 듯한 해방감을 느꼈다. 그것은 마치 오랜 감옥에서 풀려나 자유를 만끽하는 것 같은 기분이었다. 식욕으로부터의 자유와 더불어 찾아온 절제력은 내 생활 전반에 긍정적인 영향을 미쳤다. 설탕과 밀가루를 배제하니 대사 기능이 회복되면서, 특별히 다이어트를 한다는 의식 없이도 자연스럽게 건강한 식습관이 형성된 것이다.

이러한 변화는 객관적인 수치로도 확인할 수 있었다. 새로운 식단을 시작한 지 100일이 되었을 즈음, 처음 67점이었던 인바디 점수는 한때 65점까지 떨어졌다가 80점까지 상승했다. 더욱 고무적인 것은 복부비만과 내장비만 점수가 모두 정상 범위로 돌아왔다는 점이었다.

과거의 다이어트는 항상 일시적인 성과와 그에 따른 반동, 그리고 끊임없는 요요 현상의 반복이었다. 열심히 노력해 체중을 감량하더라도, 다이어트가 끝나고 평소 먹고 싶던 음식을 조금만 먹어도 금세 체중이 늘어나곤 했다. 그리고 어느새 서서히 불어난 체중을 다시 줄이기 위해 또 다른 다이어트를 결심해야 하는 악순환의 연속이었다.

그러나 이 새로운 식습관은 어느새 내 일상의 자연스러운 일부가 되어버렸다. 더 이상 '다이어트'라고 인식하지 않게 된 것이다. 이 식단은 내 몸과 마음에 가장 잘 맞는, 평생의 라이프스타일로 자리 잡았다.

칼로리 다이어트가 항상 '되돌아감'의 두려움과 함께했다면, 이 다이어트는 점점 나아지고 있다는 기대와 함께한다. 체중이 줄어들고 근육량이 늘어나는 것은 물론 전반적인 건강 상태와 삶의 질이 꾸준히 향상되고 있음을 느끼기 때문이다.

이러한 변화는 단순히 외형적인 것에 그치지 않는다. 나는 식욕 조절 능력의 향상,

에너지 레벨의 증가, 정신적 명료함, 그리고 전반적인 웰빙 감각의 증진 등 삶의 모든 면에서 긍정적인 변화를 경험하고 있다.

기대 이상의 결과였다. 게다가 성취감이 대단했다. 노력한 만큼 눈에 보이는 결과가 나오니 하루하루 만족감이 생겨 좀 더 잘해보고 싶은 생각이 들었다.

혈액검사 결과도 전보다 훨씬 좋아졌다. 체중계의 숫자보다 더 기쁜 것은 이런 건강 지표의 개선이다. 무엇보다 이런 변화가 일시적인 것이 아니라 평생 지속될 수 있다는 확신이 생겼다.

✕ 배부르게 먹어도 쏙 빠지는 3주 다이어트 프로그램

무엇보다 인상적인 점은 지방을 태우는 몸을 만들기까지 2~3주밖에 걸리지 않았다는 것이다. 단기간 집중하면 되니 누구나 할 수 있는 다이어트였고, 맛있는 음식을 충분히 먹을 수 있어 지속 가능했다.

이 다이어트의 또 다른 긍정적인 점은, 이렇게 몸의 대사가 리셋이 되어 주로 지방을 에너지로 꺼내 쓰게 되면 가끔 술자리를 가지거나 외식을 했다고 해서 살이 찌지는 않는다는 것이다. 집중적으로 2~3주, 길게는 100일 정도면 대사의 흐름을 바꾸는 데는 충분하다. 2주 정도는 엄격하게 탄수화물과 당을 제한하되 지방을 태우는 몸이 된 다음에는 유연하게 자신만의 유지 방법을 찾아나가면 된다. 어쩌다 회식자리에서 술이나 안주를 즐겼다면 16시간 공복을 유지해 다시 균형을 찾는 식이다.

흔히 저탄수화물 다이어트는 평생 해야 하는 것이라고들 한다. 하지만 나는 어느 정도 체중 감량에 성공했다면, 건강한 양질의 탄수화물을 먹을 것을 권장한다. 현미밥, 뿌리식물, 과일 등 몸에 이로운 유효성분이 가득한 음식을 평생 먹지 않는 건 하나는 얻고 하나는 잃는 길이다. 게다가 탄수화물을 배제한 식단을 매일같이 언제까지고 유지할 수는 없다. 사람마다 몸 상태가 다르므로 장기적으로 불균형한 식단을 유지하는 것은 권하고 싶지 않다.

이 과정은 수영을 처음 배울 때와 유사하다. 초반에는 기본 원칙을 엄격하게 지키는 것이 중요하다. 하지만 일단 수영을 터득하고 나면, 자신만의 편안한 페이스를 찾게 된다. 수영에 필요한 근육들이 길러지고 동작과 호흡법에 익숙해졌기 때문이다. 내가 개발한 '더퍼플다이어트'도 마찬가지이다. 대사가 정상화되고 건강한 체중에 도달하면, 이제는 좀 더 유연한 접근이 가능해진다. 2~3주 프로그램으로 대사를 회복시키고 난 다음에는 자신만의 현실적인 유지 노하우를 익혀나가면 된다. 이 부분에 대해서는 뒤에서 자세히 방법을 설명할 것이다.

다이어트의 가장 큰 벽은 시간이다. 6개월, 1년… 이런 긴 시간을 버텨내야 한다고 하면 시작부터 지친다. 특히 직장인이나 아이 키우는 부모들에게는 그저 꿈같은 이야기일 뿐이다. 하지만 지방을 태우는 몸으로 바꾸는 데는 기껏 2~3주, 길어야 100일 정도면 된다. 2~3주는 누구나 도전해볼 만한 시간이다. 내 몸과 마음이 음식에 반응하는 방식을 새롭게 인식하는 데 필요한 시간이 2~3주 정도라면, 누구나 도전해 볼 만하지 않은가?

몸에 쌓인 지방 없애는 가장 확실한 방법이자 충분히 맛있게 먹고 내장지방만 쏙 빠지는 건강한 다이어트라는 확신이 들자, 이를 누구에게나 적용할 수 있도록 체계적인 프로그램으로 발전시켜야겠다는 생각이 들었다. 좀 더 치밀한 연구를 거쳐 2주 프로그램을 개발해 참여자를 모집하여 운영해 보았다. 식단 조절부터 마인드 컨트롤까지 매일 꼼꼼히 체크했고, 하루 10~15분 가볍게 하는 운동방법을 제안했다. 죽염수로 다이어트 참가자들에게 충분한 수분과 풍부한 미네랄을 공급하여 다이어트 효과를 높였고, 간헐적 단식으로 지방을 태우는 속도를 올렸다. 매일같이 쏟아지는 참가자들의 질문에 답변하느라 하루가 어떻게 가는지 몰랐다. 나와 같은 경험을 하기를 바라며 한 사람 한 사람 코칭했고, 그 기간만큼은 참여자들도 다이어트와 건강에만 집중했다.

2주가 지나자 결과는 기대 이상이었다. 참가자 모두가 체지방 감량에 성공한 것이다. 혈압, 혈당, 콜레스테롤 수치가 눈에 띄게 개선된 사람들도 있었다. 굶주림 없이, 맛있는 음식을 배부르게 먹으면서 체중 감량은 물론이고 건강도 좋아지자 참가자들의 반응은 뜨거웠다. 내가 경험한 변화를 다른 사람들도 똑같이 체험한 것이다. 처음에는 '탄수화물을 줄이면 살이 빠진다.'라는 수준으로만 이해했던 사람들은 실제로 몸의 변화를 겪으면서 훨씬 더 복잡하고 정교한 메커니즘이 작동하고 있다는 것을 알게 된다.

이 프로그램은 입소문을 타고 퍼져나가 지금까지 수십 차에 걸쳐 운영되었고, 매 차수마다 대부분의 인원이 체지방 감량에 성공했다. 흥미로운 것은, 여러 참가자들이 바로 이어서 또는 시간이 지난 후 다시 프로그램을 신청한다는 것이다.

"몸 상태가 조금 안 좋아진 것 같아서요. 다시 2주 프로그램을 시작하고 싶어요."

이는 참가자들이 이제 스스로 균형을 유지하는 능력을 갖추게 되었음을 의미한다. 프로그램이 회차를 거듭하며 경험자가 더욱 많아질수록 나는 이 다이어트가 체중 감량을 넘어 건강한 몸을 만드는 방법이라는 확신을 갖게 되었다. 그리고 좀 더 많은 사람들이 이 방법을 알기를 바라는 마음으로 책을 쓰게 되었다.

이 책은 그동안의 결과를 철저히 분석하고 수정해 나가면서, 누구나 쉽게 따라 할 수 있도록 정리한 3주 프로그램을 담고 있다. 내가 직접 경험하고, 많은 프로그램 참여자들이 경험한 것을 기록하여 계속 보완하였으며, 그동안 개발한 다이어트 레시피들 중 가장 높은 다이어트 효과를 나타낸 레시피들을 이 책에 모두 담아냈다. 이제부터, 지방을 태우는 몸, 탄력 있고 건강한 몸을 만드는 과정을 하나씩 살펴보자.

바지 사이즈 30→27인치!
48세 주부가 저탄수 식단으로 찾은 제2의 인생

갑상샘 수술 후 야금야금 늘어난 체중이 고민이었어요

저는 전업주부예요. 예전에는 물리치료사로 일했지만, 10년 전 갑상샘 암 수술 후 직장 생활을 쉬게 되었어요. 수술 전에는 평생 살이 찌지 않는 체질이라고 생각했었죠. 직장 생활할 때는 활동량이 많아서 출산 후에도 52kg 정도를 꾸준히 유지했거든요.

> **신미선(48세, 주부)**
> • **키:** 166cm
> • **몸무게 감량:** 58→ 50kg
> • **체지방:** 7kg 감량
> • **근육량:** 22kg 유지
> • **바지 사이즈:** 30→ 27인치
> • **건강 증진 효과:** 갑상샘 수술 후 건강 회복, 피부 건조증 해결, 부종 감소

하지만 갑상샘 수술 후 상황이 달라졌어요. 쉬면서 편안하게 지내고 보양식도 챙겨 먹다 보니 야금야금 살이 붙기 시작했죠. 처음에는 '갑상샘 질환을 앓거나 수술하면 살이 찌기 마련이지.'라고 생각했어요. 1kg씩 조금씩 늘다가 어느새 58kg, 59kg을 거쳐 61kg까지 가게 되었죠.

바지 사이즈도 27인치를 평생 입다가 결국 30인치까지 입게 되었어요. 허벅지와 팔뚝에도 살이 붙었지만, 특히 뱃살이 정말 많이 쪘었는데 충격적이게도 복부에 셀룰라이트까지 생겼어요. 늘 몸이 둔한 느낌이었고 잘 붓곤 했어요. 갑상샘 호르몬제를 복용하는데도 항상 피곤했고요. 기운이 없어 운동도 점점 덜하게 되면서 전체적인 건강이 안 좋아지는 느낌이 들었죠.

그러던 중에 황해연 약사님의 다이어트 식단을 알게 되었어요. 사실 그 전에도

다이어트를 시도해서 2~3kg 정도 감량했던 적이 있었지만 얼굴살만 쭉 빠지고 뱃살은 전혀 빠지지 않았어요. 그래서 위기감이 더 크게 느껴졌는데 지방만 빠지는 건강한 다이어트라는 말에 주저하지 않고 저탄수 식단을 시작하게 되었어요.

체중보다 체지방이 중요하다는 것을 깨달았어요

더퍼플다이어트를 시작하면서 가장 큰 깨달음은 체중이 중요한 게 아니라 체지방이 중요하다는 것이었어요. 그동안은 인바디가 있어도 체중만 재고 몸무게에 집착했거든요. 체성분은 전혀 신경 쓰지 않았죠.

처음 체지방률을 확인했을 때 31.8%가 나왔어요. 더퍼플다이어트를 시작하기 전에 약간 체중을 줄였을 때도 30%대였어요. 비만이라고 생각해본 적은 없었는데, 체지방률을 알고 나니 충격이었어요.

더퍼플다이어트 프로그램을 시작하면서 처음 한 달 반 정도는 철저하게 식단을 조절했어요. 일단 집밥을 해먹기 시작했지요. 프로그램에서 가이드해 준 대로 식단을 조절하고, 죽염수도 열심히 마시고, 간헐적 단식도 16시간 정도 유지했어요. 고기와 채소도 잘 챙겨 먹었죠.

가장 자주 해 먹는 요리는 채소 샤브샤브예요. 토마토, 샐러리, 브로콜리 같은 채소를 다 넣고 고기도 넣고, 당이 안 들어간 시판 설렁탕 한 포를 넣어 끓여 먹어요. 고기도 함께 먹으면서 건강하게 한 끼를 해결할 수 있는 방법이죠. 요리라고 할 것도 없을 만큼 간단해 자주 해 먹게 되었어요.

담백한 요리가 지겨우면 기버터 요리도 해 먹었어요. 닭가슴살, 새우를 기버터에 볶아 먹었죠. 특히 달걀과 토마토를 기버터에 볶으면 풍미가 정말 좋아요. 하얀 음식만 먹다가 매콤한 것이 먹고 싶을 때는 스리라차 소스를 활용했어요. 닭가슴살과 채소를 볶다가 스리라차 소스를 넣고 볶아 먹었죠.

그 결과 체지방을 7~8kg 정도 감량할 수 있었어요. 운동은 거의 안 했고 가끔 걷기 운동을 조금 했을 뿐인데도 근육량은 22kg으로 거의 유지되었답니다. 지금은 체중 49~51kg 사이를 유지하고 있어요.

처음 며칠은 죽염수를 마시기가 힘들었어요. 그런데 더퍼플다이어트 프로그램에 재등록하시는 분들이 여러 방법을 조언해 주셨어요. 오이를 슬라이스해서 죽염수에 담가서 먹거나 레몬을 슬라이스해서 넣어 먹거나, 레몬즙을 착즙해서 넣어 마시는 방법이었죠.

저는 레몬즙을 넣어 마시는 게 가장 잘 맞았어요. 피부까지 맑아지는 것 같았고요. 1ℓ짜리 보틀에 레몬 1개를 착즙해서 넣어 마셨더니 훨씬 마시기 좋았어요. 나중에는 레몬 착즙기를 구입해서 쉽게 만들어 마셨답니다.

남편도 제가 체지방만 4~5kg 빠지는 것을 보더니 함께 죽염수를 마시기 시작했어요. 한 달 정도 타이트하게 저탄수 식단도 했는데, 직장에 다니면서도 점심에 갈비탕, 설렁탕, 순대국 등을 먹고 양념은 최대한 피했죠. 그렇게 남편도 체지방 3~4kg을 감량했어요. 지금은 바빠서 잘 못 지키고 가끔 술도 먹지만 죽염수는 매일 마셔요. 제가 아침에 항상 죽염수를 타서 병에 담아주거든요.

저는 다이어트 초기에 한 달 반 정도는 정말 철저하게 1일 1식을 했어요. 원래는 한 끼도 못 굶어서 절대 못 할 거라고 생각했거든요. 평생 아침밥을 먹어 와서 16시간 공복을 유지할 수 있을까 싶었는데 죽염수를 마시니 공복을 참을 수 있었어요. 저탄수 식단을 집중적으로 할 때는 하루에 2~3ℓ씩, 많을 때는 4ℓ까지 마셨어요.

저는 초기에 다이어트 프로그램을 엄격하게 할 때도 하루에 밥 반 공기씩은 먹었어요. 그러다 체지방이 많이 빠지고 나니 이제는 근육을 늘리라는 황해연 약사님의 조언을 듣고는 밥을 저녁에 한 공기씩 먹었어요. 근육이 생기려면 어느 정도 탄수화물이 필요하니까요. 그 후로는 확실히 근육이 늘어서 더욱 체력이나 건강이 좋아지고 있어요. 지금은 피자나 햄버거도 가끔 먹고 싶을 때 먹고, 모임이 있을 때 브런치를 즐기기도 해요. 대신 그 다음 날엔 죽염수를 더 챙겨 마셔요. 매일 인바디 체크는 빠지지 않고 하는데, 식단이 흐트러져도 죽염수를 챙겨 마시면 체지방이 쉽게 늘지 않아요.

지혜로운 음식 고르기

더퍼플다이어트를 하기 전에는 빵 같은 것을 정말 좋아해서 많이 먹었어요. 완전한 탄수화물 중독이었죠. 카페에 가면 빵, 케이크를 늘 같이 먹었고, 배고플 때도 빵이 있으면 바로 먹었어요. 저희 집안은 어머니를 비롯해 형제자매들 모두 식사량이 많은 편이에요.

다이어트 프로그램 할 때는 빵이나 케이크를 완전히 끊었지만, 지금은 가끔 빵을 먹기도 해요. 하지만 달라진 점이 있어요. 전에는 설탕이 많이 들어간 빵을 먹었다면, 지금은 호밀빵이나 설탕이 적게 들어간 빵을 선택해요. 먹고 싶은 걸 참느라 너무 스트레스 받는 것보다는 건강한 선택을 하는 것이 중요하다고 생각해요.

요리할 때도 설탕을 아예 안 써요. 예전에는 나름 건강하게 먹는다고 올리고당을 썼었는데, 올리고당도 당이 있으니 지금은 알룰로스를 사용해요. 기름도 요리에 주로 써왔던 카놀라유가 산화의 위험이 있다는 것을 알고 나서 지금은 올리브오일과 아보카도오일을 쓰고 있어요. 이렇게 몸이 원하는 식재료나 음식을 고르는 눈이 생긴 것도 저탄수 식단 덕이에요.

더퍼플다이어트로 달라진 내 몸과 건강

다이어트 이후 몸이 정말 많이 달라졌어요. 건강검진 결과가 훨씬 좋아졌고, 특히 피부가 정말 좋아졌어요. 모임에 나갔을 때 저와 함께 죽염수를 마신 분들도 다 피부가 좋아졌다고 얘기해요. 예전에는 로션을 발라도 그때뿐이었는데 건조증이 싹 사라졌고 각질도 없어졌어요. 지금은 전혀 붓지도 않고 전반적인 컨디션이 다 좋아요. 제 친구들이 저의 달라진 모습을 보고 어떻게 다이어트했냐고 물어보면 "죽염수부터 먼저 시작해봐."라고 말해주기도 했는데 이 말을 듣고 죽염수만 따라 마신 친구들도 체지방 감량에 성공했어요. 처음에는 "진짜 이런 게 있어? 나도 먹어볼까?"라며 의심스러워했지만, 신기하게도 따라 마신 사람들이 다 효과를 봤어요.

안 하던 식단을 하려면 조금 힘들 수도 있지만, 믿고 따라가다 보면 체지방 감량은 기본이고 건강한 몸도 얻을 수 있어요. 게다가 가족들도 함께 먹으면 가족 모두가 건강해질 수 있답니다.

우리 몸은 원래 살이 찌도록 설계되어 있다

✕ 적게 먹고 많이 운동하면 벌어지는 4단계의 악순환

"이 보조제 먹으면 살이 쭉쭉 빠진대요!"

"PT 받으며 운동만 열심히 하면 되겠죠?"

내가 수많은 다이어트 상담을 하면서 발견한 큰 함정이 있다. 바로 한 가지 방법으로 살을 빼려는 시도다.

다이어트 보조제는 현대인이 가장 쉽게 빠지는 착각 중 하나이다. 수백만 원어치의 보조제를 사 모았다가 결국 전부 버린 사람들이 찾아와 상담을 하다 보면 보조제에 의존하다 보니 식습관이 무너져서 오히려 건강이 안 좋아진 경우들이 많다.

운동에 대한 맹신도 위험하다. 한 시간 동안 격렬하게 운동해도 소모되는 칼로리는 피자 한 조각 정도에 불과하다. 그래서 나는 늘 "체중 감량의 80%는 부엌에서, 20%는 헬스장에서 이뤄진다."라고 강조한다.

다이어트 상담 시 가장 안타까울 때는 극단적인 다이어트로 이미 몸이 망가진 후에야 찾아오는 경우이다. 사람마다 스토리는 다르지만 패턴은 놀랍도록 비슷하다. "더 이상은 어떤 다이어트를 해도 살이 안 빠져요. 오히려 전보다 더 살이 쉽게 찌는 것 같아요. 지금이 제 인생 최대 몸무게예요." 하나같이 이런 이야기들을 하는 것이다.

그런데 이는 절식과 과도한 운동이 만들어내는 필연적인 결과다. '절식과 혹독한 운동'이라는 다이어트 방식은 빠져나오기 힘든 4단계 악순환을 만들어낸다.

칼로리를 과도하게 제한하면 먼저 몸에 무리가 가기 시작한다. 날씬해질수록 정도는 더 심해진다. 혈당이 급격히 떨어지면서 근육이 줄어들고 갑상샘 기능 저하로 인해 대사도 느려진다. 이로 인해 체중 감량 속도는 점점 느려지며, 몸은 에너지 소비를 최소화하려고 한다.

두 번째 단계는 스트레스와 대사 저하다. 우리 몸은 놀라운 생존 본능을 가지고 있다. 극심한 칼로리 제한에 직면하면 마치 겨울잠을 자는 동물처럼 대사를 최소화하기 시작한다. 이것은 몸의 생존 메커니즘 때문이다. 칼로리가 부족해지면 몸은 생존 모드로 전환된다. 마치 전력난을 겪는 도시처럼 에너지 소비를 최소화하기 시작하는 것이다.

게다가 저칼로리 식단을 생존 위협으로 인식하면서 마치 기근이 닥친 것처럼 스트레스 호르몬인 코티졸을 분비하기 시작한다. 코티졸이 과다 분비되면 복부 지방 축적을 촉진한다. 살 찌기 쉬운 상태로 돌입하는 것이다.

더 안타까운 것은 근육 손실이다. 미국 NCBI에 등재된 논문 「스트레스와 활동량 부족이 근육 감소에 미치는 상관관계(Interplay of Stress and Physical Inactivity on Muscle Loss)」에서는 스트레스와 활동량 감소가 근육 손실에 미치는 영향을 실험적으로 분석했다. 연구에 따르면, 스트레스는 단백질을 분해하는 속도를 증가시켜 근육 손실을 가속화한다. 이는 스트레스가 단순히 마음의 문제가 아니라 몸의 기능을 무너뜨리고 살찌기 쉬운 몸으로 바꾸는 데 깊숙이 관여한다는 것을 나타낸다.

근육은 단순한 움직임의 도구가 아닌, 우리 몸의 대사 엔진이다. 하지만 극단적인 식사 제한은 이 귀중한 엔진을 연료로 태워버린다. 이는 마치 추운 겨울날, 난방을 위해 집 안의 가구를 태우는 것과 같은 자기 파괴적 선택이다. 그래서 식사량을 줄이고 운동량을 늘리면 극심한 피로감과 스트레스에 시달리는 경우가 많다.

"하루 1,200칼로리를 지키려고 했는데, 머리가 너무 아프고 집중이 안 돼요." 절식을 시도하는 사람들이 흔히 호소하는 증상이다. 이는 영양소 불균형이 가져온 전형적인 증상이다.

이렇듯 다이어트 실패의 가장 큰 요인은 이상과 현실의 괴리다. 적게 먹고 많이 운동하라는 오랜 다이어트의 황금률은 우리의 현실과 너무 멀리 떨어져 있다.

세 번째 단계에서는 폭식과 지방 축적이 시작된다. 우리 몸은 이제 모든 여분의 에너지를 지방으로 저장하려 한다. 마치 기근을 대비하는 것처럼 인슐린은 지방 저장을 극대화한다. 여기서 끝이 아니다. 이런 상태에서는 탄수화물에 대한 강박적 욕구가 생긴다. 저혈당 상태가 되면 우리 뇌는 가장 빠른 에너지원인 탄수화물을 갈구하게 된다. 단백질이나 지방보다 혈당을 빨리 올려줄 수 있는 탄수화물을 찾게 되는 것이다.

이렇게 무턱대고 칼로리를 줄이는 것은 마치 배고픈 호랑이를 쇠창살로 가두는 것과 같다. 결국 그 욕구는 폭발하고 만다. 스스로를 통제하려 할수록 우리의 뇌는 더욱 강력하게 음식을 갈구하는 것이다. 왜일까? 이것은 의지력의 문제가 아니라, 생존 본능의 문제이다. 며칠 배고픔을 참고 절식을 하다 허겁지겁 음식을 먹는 경험, 이른바 '봉인 해제' 현상을 경험해 보지 않은 다이어터는 거의 없을 것이다. 이렇게 낮아진 대사율과 늘어난 탄수화물 섭취는 체중 증가의 완벽한 조건이 된다.

마지막 단계는 요요와 신체가 효율적으로 에너지를 사용하는 능력을 잃어버리는 단계이다. 이제 몸은 완전히 다른 시스템으로 작동한다. 근육은 줄어들고 대사는 저하된 상태이기 때문에 같은 양을 먹어도 체중은 이전보다 더 빠르게 늘어난다. 이것이 바로 저칼로리 식단의 가장 큰 함정이다.

다이어터가 가장 무서워하는 '요요'는 이렇게 찾아온다. 요요는 결국 우리 몸의 에너지 대사 시스템이 지방을 쓰지는 않고 쌓기만 하도록 재프로그래밍된 결과다. '다이어트의 무한 루프'에 갇히게 되는 것이다.

이렇듯 극단적인 제한으로는 실패할 수밖에 없다. "하루 500칼로리를 줄이세요."라는 조언은 마치 등산로가 없는 산을 오르라는 말과 같다. 대신 우리는 몸의 대사 흐름을 효율화할 수 있는 '지름길'을 찾아야 한다.

다이어트의 해답은 몸을 굶주리게 하는 것이 아니라 제대로 제때에 필요한 영양을 공급하는 것이다. 과학적 이해를 바탕으로 건강한 대사 시스템을 회복하는 것, 그것이 진정한 지름길이다. 우리 몸은 바뀌는 상황에 적응하는 정교한 시스템을 가지고 있으므로 이 시스템을 이해하고 존중할 때, 비로소 지속 가능한 변화가 시작되는 것이다.

그렇다면 해결책은 무엇일까? 이제부터 나는 여러분에게 반복해서 '더 챙겨 먹으라.'고 말할 것이다. 이제 칼로리 계산기를 내려놓자. 우리에게 필요한 것은 제한이 아닌, 현명한 영양 공급이다. 물론 무작정 많이 먹으라는 것이 아니다. 제대로 된 영양 섭취를 하라는 것이다. 지금부터 잘 먹는 것이 결국 살을 빼는 지름길이라는 역설적 진실을 받아들일 수 있도록 우리 몸에 대해 하나씩 알아보려 한다.

✕ 다이어트, 더 이상 의지력 싸움이 아니다

살이 쉽게 찌고, 한 번 찐 살이 잘 빠지지 않는 이유는 단순히 많이 먹고 적게 움직이는 문제가 아니다. 의지력이 문제가 아니라는 것이다.

인슐린 저항성이 생긴 경우 지방이 쌓이는 속도는 더 빨라진다. 옆 사람의 자장면 몇 젓가락만 따라 먹어도 살이 찌는 이유가 바로 이것이다. 이런 상태에서 의지력으로 버티는 것은 마치 구멍 난 배에서 물을 퍼내는 것과 같다.

해결책은 몸의 대사를 정상화하는 것이다. 탄수화물 중독에서 벗어나 지방을 에너지원으로 잘 사용하는 몸으로 바꾸는 것. 이것이 바로 제대로 된 다이어트의 핵심이다. 이러한 올바른 다이어트의 가장 큰 장점은 극단적인 의지력이 필요 없다는 점이다. 충분히 먹으면서도 체중이 감소하고 가벼운 운동만으로도 효과를 본다. 마치 내리막길을 걷는 것처럼 자연스럽게 진행되는 것이다.

의지력은 한정된 자원이다. 아무리 강한 의지를 가진 사람도 평생 절식하며 살 수는 없다. 하지만 대사 에너지의 방향을 바꾸는 방법은 지속 가능하다. 건강해진 몸은 스스로 알맞은 체중을 찾아가기 때문이다.

이제는 자신의 의지를 탓하지 말자. 대신 제대로 내 몸을 이해하고 과학적인 방법을 찾는 데 집중하자. 그것이 진짜 다이어트의 시작이다.

지금도 본격적으로 대사탄력성이 회복되기 시작했을 때의 변화가 생생히 기억난다. 공복에도 에너지가 넘쳤고, 식욕에 휘둘리지 않았으며, 무엇보다 체지방량이 자연스럽게 감소하기 시작했다. 마치 녹슨 기계에 기름을 친 것처럼, 내 몸이 다시 효율적으로 작동하기 시작한 것이다.

3주 정도 식단을 바꾸었을 뿐인데 극단적인 절제나 고통스러운 운동 없이 몸은 스스로 균형을 찾아갔다. 대단한 결심이 필요한 것도 아니고 엄청난 시간이 걸리지도 않는다. 호르몬의 흐름을 바꾸는 기적은 그저 식단에서부터 시작된다.

다이어트는 몸과의 전쟁이 아니라 몸과의 대화이다. 우리에게 필요한 건 더 강한 의지가 아닌, 더 깊은 이해다. 이를 위해서는 일단 우리 몸이 음식을 어떻게 에너지로 전환하는지에 대한 이해가 필요하다. 먼저 살이 찌는 진짜 이유인 '대사탄력성'에 대해 알아보자.

✕ 불어나는 뱃살, 주범은 대사탄력성 부족

"별로 먹는 것도 없는데 살이 자꾸 쪄요."

"한 끼만 잘 먹어도 몸무게가 늘어나 있어요."

이런 사람들이 바로 대사탄력성이 떨어진 사람들이다. 왜 같은 음식을 먹어도 어떤 사람은 살이 찌고 어떤 사람은 안 찌는지, 왜 운동을 해도 뱃살만큼은 빠지지 않는지 그 이유를 알기 위해서는 우리 몸이 에너지를 어떻게 대사하는지를 알아야 한다.

대사탄력성이란 쉽게 말해 몸이 상황에 따라 에너지원을 얼마나 유연하게 바꿔 쓸 수 있는지를 나타내는 능력이다. 우리는 몸의 주요 에너지원인 포도당과 지방을 유연하게 에너지원으로 사용할 수 있어야 한다.

살이 찌는 이유는 많이 먹어서가 아니라, 몸이 저장된 에너지를 제대로 사용하지 못하기 때문이다. 대사탄력성이 좋은 건강한 사람의 몸은 식사 후에 포도당을 주 에너지원으로 사용하고, 남은 포도당은 미래를 위해 지방으로 저장하며 공복에는 저장된 지방을 끌어다 에너지원으로 사용한다. 마치 수도꼭지를 돌리듯 손쉽게 에너지원을 전환하는 것이다.

하지만 대사탄력성이 떨어진 사람의 몸은 다르게 작동한다. 식사 후 혈당이 올라가도 이를 제대로 에너지원으로 사용하지 못한다. 더 큰 문제는 공복 시간이 되어도 몸에 저장해 둔 지방을 제대로 꺼내 쓰지 못한다는 점이다. 결국 이런 상태가 지속되면 몸은 여러 가지 문제에 직면한다. 에너지를 효율적으로 소비하지 못하고 지방을 저장하기만 한다. 살이 찔수록 대사탄력성은 더욱 나빠지며 건강 악화가 가속화된다. 배가 고프면 무조건 뭔가를 먹어야 하고, 조금만 먹어도 살이 찌는 이유가 바로 여기에 있다. 결론적으로 살이 찌는 진짜 이유는 단순히 많이 먹어서가 아니라, 몸이 저장된 에너지를 사용하는 능력이 저하되었기 때문이다.

반대로 대사탄력성이 높아지면 우리 몸은 자유를 얻는다. 음식을 먹었을 때는 그 에너지를 효율적으로 사용하고, 공복 시에는 저장된 지방을 쉽게 연료로 전환할 수 있다. 이는 에너지 대사의 정상화를 의미한다. 이러한 건강한 대사 시스템을 가진 몸은 각각의 호르몬과 효소들이 원활하게 조화를 이루며 작동한다. 이런 상태에서는 굳이 의지력으로 식욕을 억누를 필요가 없다. 몸이 스스로 최적의 균형을 찾아가기 때문이다. 당연히 가짜 배고픔에 이끌려 자극적이고 탄수화물과 당 함유량이 높은 음식들을 찾을 일도 없다.

그렇다면 대사탄력성이 좋은 몸을 만들려면 어떻게 해야 할까? 이 방법을 알기 위해서는 살 찌는 호르몬과 살이 빠지는 호르몬에 대해 알아야 한다.

✖ 지방 저장 호르몬, 인슐린

대사탄력성이 나빠졌다면 먼저 인슐린 저항성을 의심해봐야 한다. 체내 지방량에 관여하는 호르몬 중에서 가장 중요한 것이 바로 '인슐린'이라는 호르몬이다. 인슐린은 혈액 속의 포도당이 세포 안으로 들어가 에너지로 사용되도록 돕고, 남는 포도당은 글리코겐이나 지방 형태로 저장하게 한다. 특히 인슐린 수치가 높을 때는 지방 분해가 억제되어 이미 저장된 지방을 꺼내 쓰기 어려워진다. 이런 특성 때문에 인슐린은 흔히 '지방 저장 호르몬'으로 불린다.

혈당이 높아지지 않도록 관리하는 인슐린은 설탕, 밀가루 같은 정제된 탄수화물을 자주 먹으면 혈당이 급격히 치솟아 다량 분비된다. 이렇게 음식의 섭취로 인해 혈당 수치에 급격한 변화를 일으키는 것을 '혈당 스파이크'라고 한다. 혈당 그래프가 쇠못처럼 뾰족하게 치솟는 모습과 닮았다고 해서 붙은 이름이다. 혈당 스파이크가 반복되면 우리 몸의 세포들이 인슐린의 신호를 무시하기 시작한다. 마치 늘 큰 소리로 말하는 사람의 말을 점점 귓등으로 흘리게 되듯, 세포들도 자주 분비되는 인슐린의 신호에 둔감해지는 것이다. 이런 상태가 계속 반복되고 만성화되면 인슐린이 혈액 속의 포도당을 세포 속으로 넣어주는 역할을 제대로 수행하지 못하는 '인슐린 저항성'이라는 상태에 빠지게 된다. 혈액 속에 포도당이 충분히 있음에도 불구하고 인슐린 저항성의 영향으로 지방 연소는 억제되고 저장만 활성화되면서, 몸은 자연스럽게 살이 찌기 쉬운 상태로 변하게 된다. 여기서 더 악화되면 당뇨병을 비롯한 각종 대사성 질환들이 발생한다.

즉, '살 빠지는 체질'이 되려면 인슐린 저항성의 고리를 끊는 게 무엇보다 중요하다. 때문에 일상에서 인슐린의 급격한 분비를 억제하고 인슐린 저항성을 낮추는 노력이 꾸준하게 그리고 지속적으로 필요하다.

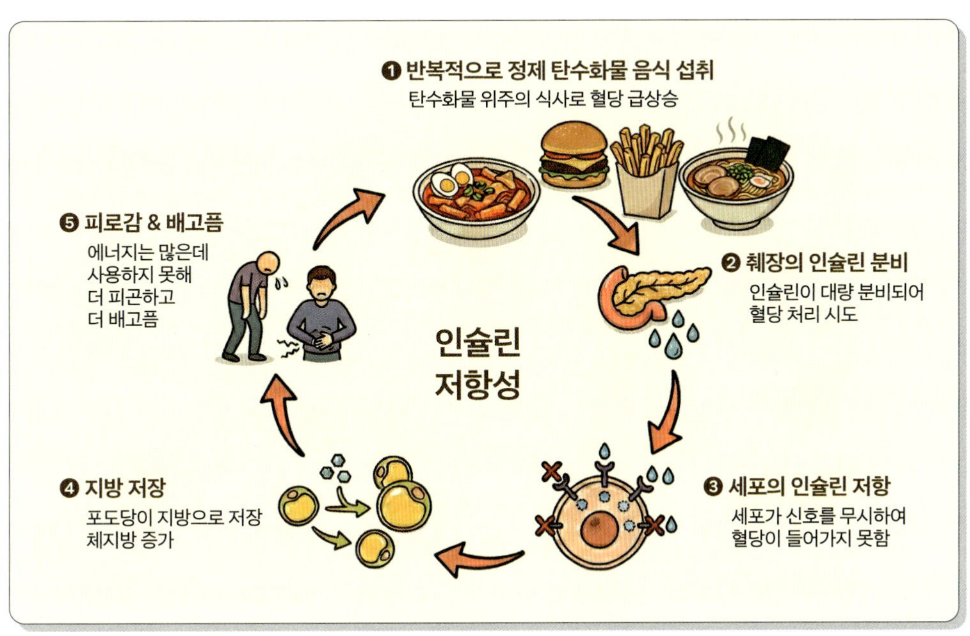

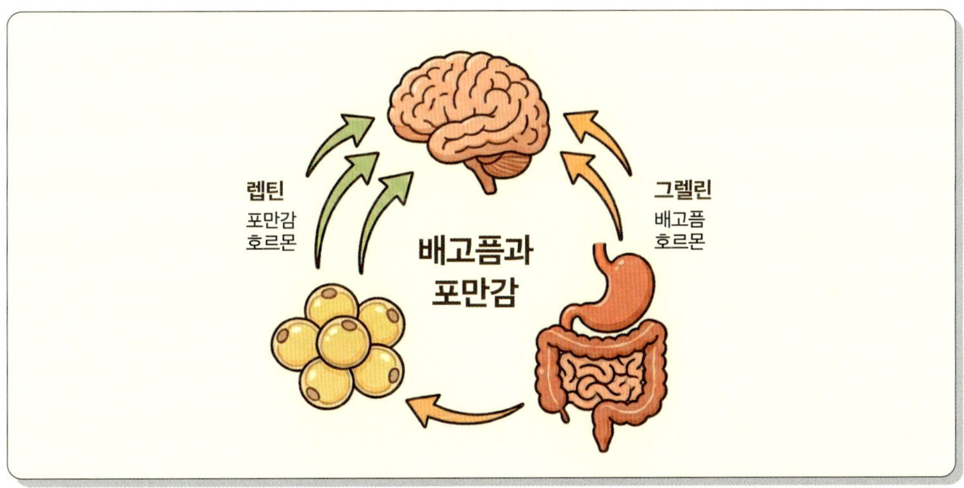

우리 몸에는 의지력과 별도로 작동하는 정교한 식욕 조절 시스템이 존재한다. 이 시스템은 호르몬의 균형에 의해 유지된다. 렙틴과 그렐린이라는 두 호르몬이 이 복잡한 시스템의 주역이다.

렙틴은 지방세포에서 분비되는 포만감 호르몬으로, 우리 몸의 자연스러운 식욕 억제제 역할을 한다. 건강한 상태에서 렙틴은 마치 현명한 조언자처럼 "이제 충분해."라는 신호를 뇌에 전달한다. 이렇게 식욕을 억제해 과식을 막는 렙틴은 교감신경을 자극해 에너지 소비를 촉진하는 신체 활동을 하게 하기도 한다.

반면 그렐린은 우리 몸이 에너지가 필요할 때 분비되는 호르몬으로 식욕을 자극한다. 이 두 호르몬이 자기 일을 열심히 하면 우리는 살이 찔 일도, 에너지가 떨어질 일도 없을 것이다.

하지만 현대의 생활방식은 이 섬세한 균형을 교란시키는 여러 요인들로 둘러싸여 있다. 직장인 김 대리의 하루를 살펴보자.

아침 7시, 알람을 끄고 일어난 김 대리의 눈은 퀭하다. 전날 밤 늦게까지 야근을 하다 자기 전까지 유튜브 영상을 봤기 때문이다. 출근길, 피곤함을 달래기 위해 달달한 커피와 베이글로 아침을 때운다. 하루 종일 컴퓨터 앞에 앉아 있는 김 대리의 점심 메뉴는 주로 면이나 덮밥이다. 일하다 출출하거나 입이 궁금해지면 서랍을 열어 쟁여둔 과자나 초콜릿을 먹곤 하는데 졸릴 때 정신을 좀 깨우기 위해 먹을 때도 있다. 오늘 저녁에는 최 대리와 피자와 맥주를 먹으며 스트레스를 풀 예정이다.

이와 같은 패턴의 식사로 과당과 정제 탄수화물을 과다 섭취하면 우리 몸은 점점 더 많은 렙틴을 필요로 하게 된다. 포만감을 주는 렙틴 호르몬에 둔감해지면 자연스럽게 음식을 많이 먹게 된다. 평소보다 더 많은 음식을 섭취해야 배가 부르는 느낌이 드는 것이다. 이를 렙틴 저항성이라 부른다.

수면 부족과 만성적 스트레스도 그렐린 분비를 증가시킨다. 이는 피곤하거나 스트레스 받을 때 더 많이 먹게 되는 현상을 잘 설명해 준다. 또한 앞에서 설명한 것처럼 극단적인 칼로리 제한은 우리 몸의 생존 본능을 자극한다. 지속적인 공복 상태가 그렐린 분비를 증가시켜 더 강력한 식욕 신호를 만들어 내는 것이다. 이것이 바로 칼로리 다이어트가 항상 실패로 끝나는 과학적인 이유다.

✕ 비만의 원인은 칼로리 과잉이 아니라 정제 탄수화물이다

우리 몸은 탄수화물과 지방이라는 두 가지 주요 에너지원이 모두 있을 때 항상 '쉬운 길'인 탄수화물을 선택한다. 탄수화물은 빠르고 쉽게 분해되는 에너지원이기 때문이다. 고속도로가 있는데 굳이 험한 산길을 선택할 사람은 없을 것이다. 그래서 식사 시간 외에도 간식으로 과자나 단 음료 등 탄수화물을 끊임없이 공급하면 탄수화물을 처리하느라 저장된 지방은 연소할 기회조차 얻지 못한다.

따라서 지방을 에너지로 꺼내 쓰기 위해서는 탄수화물 섭취 제한이 필수적이다. 탄수화물이라는 '쉬운 연료'가 고갈되어야만 우리 몸은 마침내 지방이라는 대체 연료를 사용하기 시작하기 때문이다.

인슐린 저항성을 낮추기 위해서도 가장 먼저 탄수화물의 섭취를 제한해야 한다. 특히 정제 탄수화물은 급격한 혈당 상승을 일으켜 인슐린 분비를 촉진하고 이는 체지방 축적으로 이어진다. 아침에 빵이나 시리얼, 점심에 면요리에 단 음료를 먹고 저녁으로는 피자에 술 한잔을 한다면 폭식을 하는 건 아니지만 몸은 쉬지 않고 들어오는 탄수화물을 처리해야 하는 상황에 놓이게 된다. 지속적인 고인슐린 상태는 결국 세포들이 인슐린에 둔감해지는 '인슐린 저항성'을 초래하고 이는 더 많은 인슐린 분비로 이어지는 악순환을 만들어낸다.

정제 탄수화물의 문제는 여기서 그치지 않는다. 혈당이 급격히 떨어질 때마다 우리는 더 많은 탄수화물을 갈구하게 된다. 이런 식으로 많은 사람들이 과자, 빵, 떡 등을 절제하지 못하고 계속 먹게 되는 것이다.

실제로 전통 사회에서는 비만 인구가 많지 않았다. 정제 탄수화물이 널리 보급된 이후에야 비만이 급증했기 때문이다. 특히 우리나라는 쌀을 지나치게 정제하여 먹는 습관이 이런 문제를 더욱 악화시켰다.

탄수화물은 3대 영양소 중 독자적으로 지방이 될 수 있는 영양소이다. 많은 다이어터들이 지방을 줄이는 데 집중하지만 실제로는 탄수화물 섭취가 지방 축적의 주요 결정 요인이 되는 것이다.

이 과정을 좀 더 자세히 들여다보면 탄수화물이 인슐린 분비를 촉진하고 이 인슐린이 지방의 저장을 가능하게 하는 열쇠 역할을 한다. 마치 창고에 물건을 넣기 위해 열쇠가 필요한 것처럼 지방이 지방세포에 저장되기 위해서는 탄수화물과 인슐린이라는 '열쇠'가 필요한 것이다.

반대로, 정제 탄수화물 섭취를 제한하면 우리 몸은 자연스럽게 몸에 저장해 둔 지방을 에너지원으로 활용하기 시작한다.

이제 슬슬 체지방 축적이 주 원인이라고 생각했던 진범이 고칼로리인 지방이 아니라 탄수화물이라는 것을 눈치 챘을 것이다. 지방은 좀 억울한 측면이 있다. 지방을 섭취했을 때는 '지방 저장 호르몬'인 인슐린이 분비되지 않는다. 남아도는 지방이 지방으로 저장될 일이 없는 것이다. 이제 지방에 대한 오해를 풀고 우리 식단에 양질의 지방을 적절히 포함시킬 필요가 있다.

✕ 뱃살, 절대 안 빠지는 이유

뱃살은 흔히 게으름이나 식탐의 결과로 오해받는다. 과연 그럴까? 사실 뱃살은 우리 몸의 복잡한 호르몬 시스템, 특히 코르티솔이라는 스트레스 호르몬과 깊은 관련이 있다. 코르티솔은 몸의 '비상 대응 버튼'과 같다. 스트레스 상황에서 몸은 코르티솔을 통해 에너지 비축 명령을 내린다. 문제는 현대인에게 이 '비상사태'가 거의 일상이 되어버렸다는 점이다. 지속적인 업무 스트레스, 수면 부족, 불규칙한 생활 리듬 등으로 인해 우리 몸은 끊임없이 '비상 모드'를 유지하게 된다. 또한 스트레스는 CRH(부신피질자극호르몬 방출 호르몬)의 분비를 촉진하는데 이는 자연스러운 식욕 조절 시스템을 교란시킨다. 결과적으로 우리 몸은 지방, 특히 내장지방을 축적하는 방향으로 대사를 재프로그래밍하게 된다.

더 큰 문제는 탄수화물과 코르티솔의 상호작용이다. 고탄수화물 식단은 급격히 혈당을 상승시켜 인슐린 분비를 촉진하고 코르티솔의 지방 축적 효과를 증폭시킨다.

스트레스가 심한 직장 생활 속에서 단 음식으로 위안을 찾다 보면 결국 내장지방이 급격히 늘어날 수 있다는 이야기이다.

내장지방의 축적은 미용상의 문제가 아니다. 이는 마치 유해화학 공장처럼 다양한 염증 물질을 분비하며 전신의 대사 건강에 영향을 미친다. 더 심각한 것은 늘어난 내장지방이 더 많은 스트레스 호르몬을 만들어내고, 이는 다시 더 많은 내장지방 축적으로 이어진다는 것이다.

뱃살이 잘 빠지지 않는 이유는 칼로리 제한이나 운동량 증가로 해결하려 하기 때문이다. 따라서 근본적인 원인인 고탄수화물 섭취를 적절히 조절하고 스트레스 관리에 초점을 맞추는 접근이 필요하다. 뱃살은 지방간이나 내장지방 축적의 결과물이며 비만은 대사가 망가진 결과로 생긴 엄연한 질병이다.

✖ 대사 리셋을 돕는 강력한 도구, 간헐적 단식

쉴 새 없이 음식을 먹는다면, 특히 종일 식사와 간식으로 탄수화물을 계속 먹는다면 지방을 태울 기회는 전혀 없다. 에너지 대사 시스템을 리셋하기 위해서는 의도적인 공복 상태를 확보해야 한다. 공복 상태에서 우리 몸은 세포 내에 축적된 잉여 에너지를 효율적으로 동원하기 시작한다. 또한 근육, 신장, 심장 같은 주요 기관들은 유리지방산을 에너지원으로 활용하기 시작하며, 간에서는 지방조직으로부터 방출된 지방산을 케톤으로 전환하여 대체 에너지원을 공급한다.

탄수화물 섭취가 제한되고 공복 시간이 늘어나면서 인슐린 수치가 낮아지고, 이는 지방 분해와 케톤 생성을 촉진한다. 이 과정에서 우리 몸은 탄수화물 의존적인 대사에서 지방 기반의 대사로 전환되며, 이를 키토시스(Ketosis) 상태라고 한다.

이 전환 지점이 바로 '대사 스위치'가 켜지는 순간이다. 대사 스위치란 우리 몸이 에너지원 선택을 바꾸는 결정적인 시점을 의미한다. 계속 먹으면 이 스위치는 꺼진 채로 유지되지만 공복이 길어지면 스위치는 켜진다. 그리고 이 차이가 체중 감량의

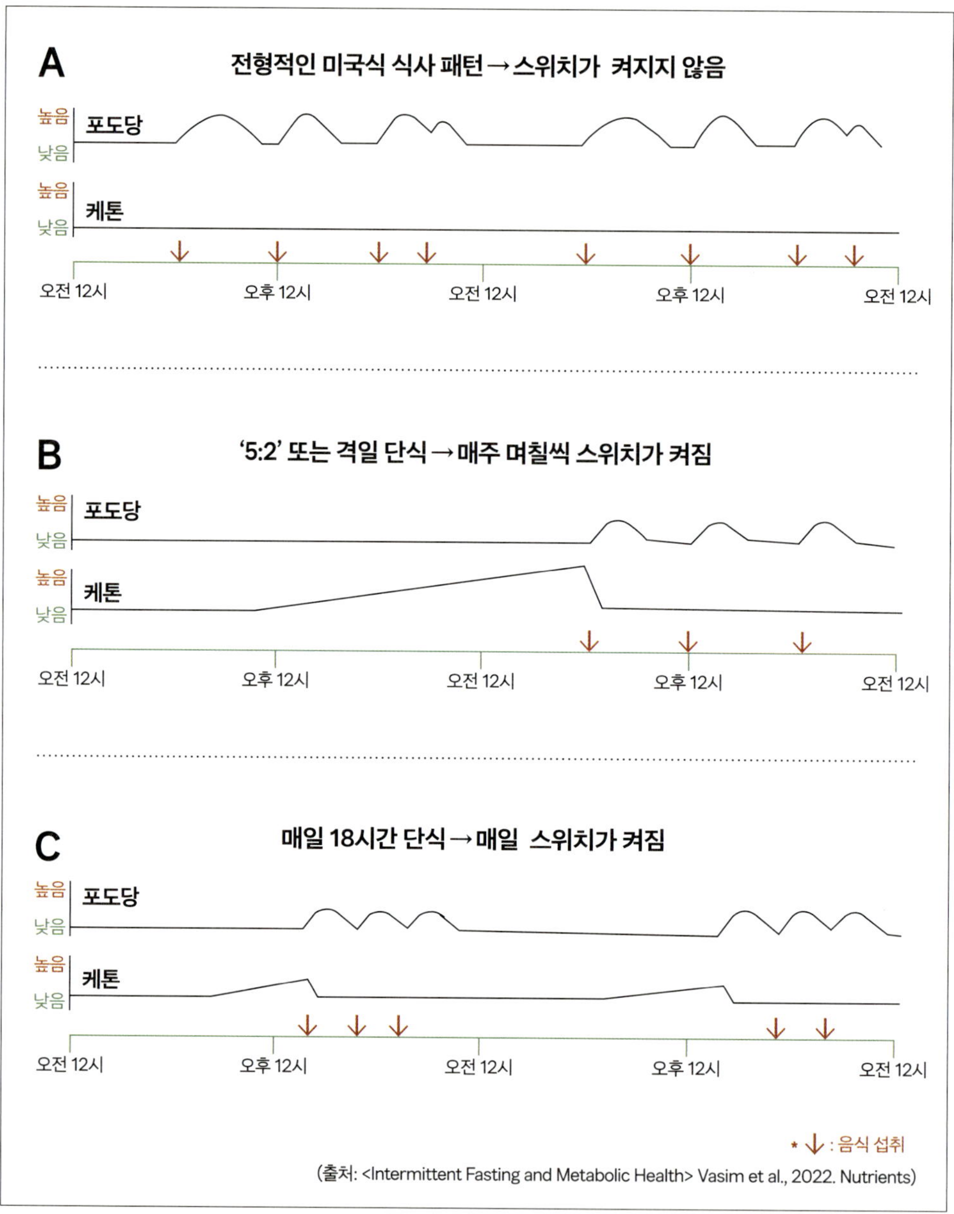

속도와 지속성을 결정한다.

앞의 그래프는 식사 패턴에 따라 대사 스위치의 작동 방식이 확연히 달라진다는 것을 보여준다.

A는 미국의 일반적인 식사 패턴(3끼 식사 + 간식)의 경우로 인슐린이 자주 분비되어

체내 포도당(Glucose) 수치가 지속적으로 유지되며, 케톤은 거의 생성되지 않는다. 즉 대사 스위치가 '꺼진 상태'로 유지된다.

B는 일주일 중 2일 정도 단식하거나 격일로 단식을 하는 식단이다. 공복일에는 케톤 수치가 크게 상승하고, 식사일에는 다시 억제된다.

C는 매일 18시간 단식을 한 경우이다. 매일 일정 시간 동안 공복 상태가 유지되므로, 하루에도 반복적으로 대사 스위치가 켜지는 구조다. 결과적으로 케톤이 안정적으로 생성되며 대사 효율이 극대화된다.

또한 미국 펜닝턴 생의학 연구소(Pennington Biomedical Research Center)의 연구에 따르면 전당뇨 상태의 남성들을 대상으로 아침 8시부터 오후 2시까지만 식사하고 나머지 18시간은 단식하는 '시간 제한 식사(Early Time-restricted Feeding, eTRF)'를 5일간 실천시킨 결과 인슐린 감수성이 유의미하게 개선된 것을 확인했다. 식후 혈당 반응도 감소하고, 산화 스트레스 지표가 낮아졌으며, 혈압도 안정적으로 떨어졌다. 이는 단식이 단순한 체중 감량을 넘어 인체 대사의 근본적인 리듬을 재조율하는 효과가 있음을 보여준다.(출처: <Early Time-Restricted Feeding Improves Insulin Sensitivity, Blood Pressure, and Oxidative Stress Even without Weight Loss in Men with Prediabetes>, Sutton et al., 2018)

이처럼 간헐적 단식은 우리 몸의 자연스러운 대사 리듬을 회복하고 인슐린 감수성을 개선하는 치료적 접근이다. 또한 간헐적 단식은 성장 호르몬, 글루카곤, 그리고 노르에피네프린 분비를 자극하여 체내 지방을 연소시키는 과정을 강화한다. 이러한 호르몬 변화는 체중 감량은 물론이고 대사 건강과 에너지 활용을 최적화한다. 특히 성장 호르몬의 증가는 근육을 보호하면서도 체지방을 줄이는 데 중요한 역할을 한다.

단식 시간은 하루 12~24시간 단식을 기본으로 시작하여, 점차 72시간의 장기 단식으로 확장할 수 있다. 단, 단식 기간 동안 충분한 수분 섭취를 하고 식사 시간에는 충분히 먹어야 한다. 특히 중요한 것은 '식사의 질'이다. 섭취가 가능한 날의 식사는 마치 오랜 여행을 마친 후의 휴식처럼 중요하다. 양질의 단백질, 건강한 지방, 그리고

소량의 좋은 탄수화물로 구성된 균형 잡힌 식사는 오히려 다이어트 효과를 높여줄 것이다.

처음부터 긴 단식을 시도하지 말고, 천천히 단식 시간을 늘려가며 신체를 적응시켜 보자. 허기를 참아야 되나 하고 걱정되겠지만 체지방을 주 에너지원으로 사용하게 되면 공복감을 덜 느끼게 되어 간헐적 단식 동안에도 에너지 부족을 크게 느끼지 않는다. 지방은 장기간 연소되면서 일정한 에너지를 제공하기 때문이다. 덕분에 간헐적 단식 중에도 무기력함이나 집중력 저하 없이 충분히 일상을 유지할 수 있다.

> **✅ Diet Tip** **무작정 굶는 '기아'와 계획적인 '단식'의 결과는 전혀 다르다**
>
> 기아 상태에서 우리 몸은 생존을 위한 극단적인 보존 모드로 전환된다. 갑상샘 호르몬 분비가 감소하면서 기초대사율이 현저히 낮아지고, 신체는 에너지 소비를 최소화하는 방향으로 적응한다. 이 과정에서 근육 조직은 포도당 공급원으로 분해되고 섭취되는 영양분은 지방으로 전환되어 저장되는 비상 축적 모드가 활성화된다. 이는 장기적으로 대사율 저하와 체중 감량의 어려움을 초래하는 악순환으로 이어진다.
>
> 반면, 계획된 간헐적 단식은 우리 몸의 지방 대사 적응을 유도한다. 인슐린 수치가 감소하면서 체지방 분해가 활성화되고, 간에서는 케톤이 생성되어 뇌와 신체에 안정적인 대체 에너지원을 공급한다. 이 과정에서 근육 조직은 효과적으로 보존되고 체지방이 우선적으로 분해된다. 결과적으로 간헐적 단식은 대사탄력성을 향상시키고 인슐린 감수성을 개선하며, 체지방 감소와 근육량 보존 사이의 균형을 최적화한다.

옷 사이즈 77에서 55로!
저탄수 식단으로 20대 몸매를 되찾았어요

40대에 찾아온 갑작스러운 체중 증가

20~30대까지는 크게 다이어트 걱정을 하지 않았어요. 옷 사이즈도 55를 유지했고, 몸무게가 크게 변하지 않았거든요. 하지만 40대에 들어서면서 급격하게 체중이 늘기 시작했어요. 옷도 점점 맞지 않았고요.

처음에는 혼자 샐러드 다이어트를 해보기도 했어요. 어릴 때는 다이어트를 하면 금방 5kg이 빠지곤 했는데 샐러드만 먹으며 칼로리

> **장미숙(44세, 사무직)**
> - **몸무게:** 61 → 55kg(6kg 감량)
> - **체지방:** 20.6 → 13.9kg(6.7kg 감량)
> - **골격근량:** 21.5kg → 22.5kg 유지 중
> - **옷 사이즈:** 77→ 55 사이즈
> - **건강 증진 효과:** 갑상선 호르몬 정상화, 고지혈증 수치 개선, 숙면 효과

다이어트를 두 달이나 했는데도 안 빠졌죠. 절식과 보조식품을 활용한 다이어트도 시도해 봤는데 효과는 단기적이었어요. 당시 유행하던 어떤 다이어트 보조식품은 부정출혈도 생기고 갑상샘 호르몬 수치도 안 좋아져서 중단할 수밖에 없었습니다. 그때 평소 건강상담을 해주시던 황해연 약사님이 더퍼플다이어트 프로그램을 소개해 주셨어요. 그렇게 더퍼플다이어트를 시작하게 되었지요.

처음 다이어트를 시작했을 때 체중은 61kg이었어요. 다이어트 2주 프로그램을 진행한 후 56kg까지 감량되었고, 다이어트가 끝나고 한 달 후에는 최저 53.8kg까지 도달했어요. 가장 놀라운 건 체지방이 줄고 근육량이 늘었다는 것이었어요.

체지방량이 20.6kg에서 13.9kg으로 무려 6.7kg 감소했고, 골격근량은 22.5kg을 지금까지 잘 유지하고 있어요.

근육을 유지하며 지방이 빠지니 마른 몸이 아니라 탄탄한 몸으로 변화하고 있다는 걸 스스로 체감할 수 있었어요. 특히 몸의 라인이 확연히 달라졌죠. 77사이즈에서 55사이즈로 바뀌면서 오랫동안 입지 못했던 옷들도 다시 입게 되었답니다. 예전 같은 몸매를 유지할 수 있다는 게 신기하고 정말 기뻤어요.

탄수화물 탈출기

지난 1년 동안 꾸준히 실천한 습관들이 있는데요. 저탄수·고단백 식단을 유지하였으며 아침 식사는 하지 않았고 공복 시간을 유지했어요. 공복 시간은 18시간 정도로 유지했는데, 보통 저녁 8시 이후부터 다음날 오전 11시 30분까지 아무것도 먹지 않았어요.

처음에는 아침에 빵을 먹는 습관이 있어서 탄수화물을 완전히 끊는 게 어려웠어요. 하지만 공복 시간을 늘리면 인슐린 저항성이 개선된다는 사실을 알게 되었고, 아침을 먹지 않으면서 자연스럽게 빵을 끊게 되었답니다. 직장 생활을 하다 보니 외식을 할 때 설탕과 양념이 들어간 음식을 피하는 것도 쉽지 않았죠. 하지만 이것만 빼고는 정말 힘든 게 없는 다이어트였어요. 이전에 다이어트를 실패했던 이유가 안 먹으면 화가 나고 그게 폭식으로 이어졌었는데, 저탄수 식이에서는 오히려 많이 먹은 날에도 체중이 줄어서 놀랐어요.

지방 섭취는 올리브오일을 활용한 드레싱을 샐러드에 뿌려 먹거나 곰탕 국물을 먹었고, 오메가3 영양제도 섭취했어요. 이런 습관들을 유지하면서 이제는 탄수화물을 자연스럽게 조절할 수 있게 되었지요.

죽염수는 처음에는 싫었지만 지금은 익숙해졌어요. 500㎖ 물통에 죽염을 타서 미지근하게 데워 종일 수시로 마셔요. 원래는 소금이 건강에 안 좋다고 생각했었는데, 죽염수를 꾸준히 마시고 나서 변화가 생기더라고요. 배변이 활발해지면서 노폐물이 많이 빠지는 느낌이 들었어요. 공복 시에 죽염수를 마시면 배고픔이 느껴지지 않았고, 과식했다고 느낄 때 마시면 소화도 잘 되었어요.

요즘 저녁에는 고기나 찜 요리 위주로 먹고 있어요. 여름에는 채소와 단백질을 활용한 샐러드 무침을 자주 먹고 있고요 무조건 극단적인 저탄수화물이 아니라, 내 몸에 맞는 방식으로 유연하게 먹으며 유지하고 있답니다.

식구들 모두 다이어트 성공!

더퍼플다이어트를 하면서 가장 좋은 점은 저와 함께 가족도 변했다는 것이에요. 저탄수 식단을 함께 먹으며 남편은 94kg에서 87kg으로 7kg 감량에 성공했고, 어머니도 62kg에서 56kg으로 6kg 감량했답니다. 특히 어머니는 원데이클래스에 참여해 직접 요리를 해주시기 시작했어요. 처음에는 제가 다이어트를 하는 걸 걱정하셨지만 직접 실천하시면서 건강한 식단에 대한 이해도가 높아지셨죠. 어머니는 옷을 모두 작은 사이즈로 다시 장만하셨고, 어머니와 제가 살이 빠지고 건강해지는 모습을 보고 함께 시작한 남편도 지금은 바지 사이즈가 줄어 벨트에 구멍을 뚫어 입고 다녀요.

전에는 옷을 박시하게 입고 다녔는데 지금은 라인이 드러나는 옷을 입고 다니니 주변에서도 많이들 놀라요. 어떻게 다이어트했냐고 물어보면 저탄수 식단과 죽염수에 대해 알려주곤 하죠. 더퍼플다이어트는 특히 중년이나 노년이 하기에 참 좋은 다이어트라 제가 사는 아파트에 사시는 어머니 연배의 분들에게 추천해 드려서 많이들 하고 계세요.

잘 먹어도 쏙 빠지는 저탄수 요리

가족들과 함께 자주 먹은 음식들로는 낙지·문어 세비체(발사믹+올리브오일 소스), 소면 없는 골뱅이무침, 조개찜과 미역국 같은 국물 요리였어요. 가장 포만감이 드는 요리는 차돌·우삼겹을 채소와 데쳐서 간장 소스에 비벼 먹는 것이었고요.

가족이 함께 실천하면서 이제는 자연스럽게 건강한 식습관이 자리 잡았답니다. 더퍼플다이어트가 제대로 된 식사로 몸을 건강하게 만드는 과정이라는 걸 깨달았어요.

두통과 어지러움이 사라지다

저탄수식이를 통해 체중 감량뿐만 아니라 놀라운 건강상의 변화도 경험했어요. 작년 종합검진 결과, 갑상샘 호르몬 저하 증세가 있었고, 간수치나 고지혈증 수치가 경계 범위였는데 모든 혈액검사 수치가 정상 범위로 돌아왔습니다. 원래 잠을 잘 못 잤는데 이제는 숙면을 취할 수 있게 되었고요. 감기도 예전에는 자주 걸렸는데 지금은 거의 걸리지 않아요.

특히나 메니에르병으로 어지러움증을 심하게 겪었었는데 이 증상이 사라졌어요. 죽염수를 마시고 열심히 걷기 시작하면서부터 증상이 좋아지더니 지금은 말끔하게 나았고요. 처음에는 체력이 약해서 하루 2,000보도 걷지 못했는데 지금은 10,000보를 채우고 있어요.

요즘은 저탄수 식단의 원칙을 기본으로 하되 유연하게 조율하고 있습니다. 올해 가을부터는 탄수화물과 디저트도 가끔 먹지만, 체중이 늘어난다 싶으면 공복 시간을 길게 갖는 등 배웠던 원칙을 토대로 조절하고 있어요.

무엇을 어떻게
먹을 것인가

✗ 맛있게, 충분히 먹어야 빠진다

나는 오랫동안 건강한 식사가 소박한 채식 위주의 식사라고 생각했다. 사실 바쁜 약국 생활로 제대로 식사를 챙겨 먹을 시간이 없기도 했다. 한 끼도 풍족하고 배부르게 먹지 않으니 내 몸은 늘 무언가를 갈구했다. 그렇게 매일 부족하게 먹는 느낌이었는데도 체중계의 숫자는 계속 올라가기만 했다. 그러다 대사탄력성을 살리는 새로운 식단을 시작한 지 단 3주 만에 체지방이 4kg이나 줄어들자 나는 더 과감하게 식단을 바꾸기 시작했다. 신선한 생선구이와 해산물, 제철 채소를 듬뿍 넣은 샐러드, 갈비찜 같은 육류 요리까지 나의 식탁은 나날이 더 풍성해졌다. 더 이상 칼로리를 계산하거나 양을 제한하지 않았다. 대신 질 좋은 재료로 정성껏 요리한 음식들로 식탁을 채웠다.

이제 나의 식사 시간은 하루 중 가장 행복한 순간이 되었다. 비록 식사 시간은 제한하지만 먹을 때는 정말 푸짐하게 먹는다. 먹고 싶은 요리로 가득한 접시들을 바라보는 것만으로도 행복하다. 나는 처음으로 식사 시간의 즐거움을 알게 되었다.

이렇게 배부르게 먹어도 아니, 오히려 배부르게 먹기 때문에 체중은 점점 더 감소했다. 더 이상 간식을 갈구하지 않게 되었고, 16시간, 24시간, 36시간의 공복도 어렵지 않게 견딜 수 있게 되었다.

다이어트 프로그램 참여자들도 처음엔 "이렇게 많이 먹어도 되나요?"라며 걱정하지만 체지방은 줄고 근육은 줄어들지 않는 경험을 하면서 처음으로 배불리 마음껏 먹고 있는데 살이 빠지고 있다며 신기해한다.

하지만 여기서 중요한 것은 '무엇을 먹느냐'이다. 아무리 많이 먹어도 탄수화물에 치우친 식사나 영양가 없는 음식은 우리 몸을 계속해서 굶주리게 만든다. 반면 제대로 된 풍부한 영양이 가득한 음식은 적절한 포만감을 주고 우리 몸의 대사를 정상화시킨다.

그렇다면 무엇을, 어떻게 먹어야 할까? 그 구체적인 방법을 함께 알아보도록 하자.

✕ 탄수화물을 줄이는 게 먼저다

일단 탄수화물을 줄이는 것부터 시작하자. 케이크, 과자, 쿠키, 떡볶이, 면요리를 즐기는 사람들이라면 설탕이 잔뜩 들어간 밀가루 음식을 제한하는 것이 급선무다.

설탕과 밀가루는 술과 튀김 음식과 함께 대사를 망치는 대표적인 음식 재료이다. 특히 설탕은 빠르게 혈당을 높여 지방으로 전환되어 간에 축적되거나 체지방으로 저장될 뿐만 아니라 중독성을 유발하며, 이는 더 많은 섭취로 이어질 수 있다.

밀가루도 마찬가지다. 정제된 밀가루는 혈당을 급격히 상승시키고, 대사 부담을 가중시킨다. 게다가 밀가루의 글루텐은 소화기관에 문제를 일으킬 가능성이 있다.

대사를 정상화하는 다이어트를 결심하고 가장 먼저 마주하게 되는 것은 탄수화물과의 싸움이다. 밥, 빵, 과자, 면 등 달콤한 당과 탄수화물은 우리의 일상에 깊숙이 자리 잡고 있기 때문이다. 이런 탄수화물을 끊는다는 것은 마치 오랜 친구와 이별하는 것처럼 어려운 일이 될 수 있다.

"당 떨어지면 너무 힘들어요. 마치 영혼이 빠져나가는 것 같아요."

이러한 증상은 단순한 식욕이 아니라 대사탄력성이 떨어져서 나타나는 증상이다.

탄수화물은 실제로 중독성이 있다. 흰 쌀밥, 빵, 과자 등은 강한 중독성을 지녀 우리 뇌의 보상 회로를 자극한다. 그래서 끊으려고 하면 금단 증상까지 나타난다.

하지만 2~3주만 넘기면 에너지 대사가 안정을 찾으며 식욕도 자연스럽게 조절된다. 염분과 수분을 충분히 섭취하고 건강한 지방과 단백질이 풍부한 식단으로 배부르게 식사를 하면 탄수화물에 대한 갈증이 점점 줄어들기 때문이다.

그런데 탄수화물이라고 다 같은 탄수화물이 아니다. 가장 나쁜 탄수화물은 설탕, 과당, 액상과당 등 정제당이다. 초콜릿, 사탕, 탄산음료 등을 끊어야 하는 이유이다. "과일도 먹지 말아야 하나요?"라고 묻는 경우가 많은데, 3주 프로그램 동안만은 블루베리, 딸기 등 과당이 적은 과일만 먹기를 권한다. 대사가 정상으로 회복되고 정상 체중이 된 후에 과일을 적당량 먹는 것은 문제 되지 않는다. 그러나 과일주스는 과당이 지나치게 많고 빠르게 흡수되어 혈당을 높이므로 절대 피해야 한다. 꿀, 아가베 시럽, 메이플 시럽, 코코넛 슈가 등도 천연 감미료지만 혈당을 급격히 상승시킨다.

채소에도 탄수화물이 함유되어 있는데, 이 탄수화물은 좋은 탄수화물이다. 감자, 고구마, 옥수수와 같이 탄수화물 함량이 높은 채소를 제외한 시금치, 상추, 청경채 같은 잎채소와 브로콜리, 콜리플라워 등 십자화과 채소, 버섯류, 오이, 아보카도 등은 충분히 자유롭게 먹는 것을 추천한다.

3주 프로그램 동안은 탄수화물을 하루 30g 미만으로 제한하며 곡류도 가급적 먹지 않기를 권한다. 그러나 식이섬유가 풍부한 통곡물, 잡곡밥, 채소밥 등은 대사탄력성이 좋아지고 체중이 정상에 이르렀다면 적당량 섭취해도 좋다.

> **⊘ Diet Tip** ◀ **혈당을 높이지 않는 대체당**
>
> 시중에는 스테비아, 알룰로스 등 혈당 지수가 0에 가까운 다양한 대체당들이 있다. 이들은 분명 혈당을 거의 올리지 않는다는 장점이 있다. 그러나 강한 자극에 길들여진 미각을 되찾기 위해서라도 자연의 맛을 그대로 음미하는 식습관을 들이는 것이 좋다. 몇 가지 대체당을 살펴보자.
>
> - **나한과(몽크푸르트):** 나한과에서 추출한 천연 감미료로 혈당에 영향을 주지 않는다. 스테비아보다 단맛이 부드럽고 쓴맛이 없다.

- **알룰로스:** 무화과, 건포도 등에 존재하는 희귀당이다. 혈당을 거의 올리지 않으며 설탕과 가장 유사한 단맛과 질감을 가지고 있다.
- **에리스리톨:** 과일과 발효 식품에 자연적으로 존재하는 당알코올의 일종이다. 섭취 후 대부분이 소장에서 흡수된 뒤 체내에서 에너지원으로 사용되지 않고 소변으로 배출되기 때문에 혈당과 인슐린 분비에 영향을 주지 않는다.
- **스테비아:** 스테비아 식물에서 추출한 천연 감미료이다. 혈당에 미치는 영향이 매우 적고 약간 쓴맛이 날 수 있다.

✖ 지방은 적당히, 단백질은 충분히

일단 대사를 전환하는 초기 단계에서는 충분한 지방을 섭취해야 한다. 많은 사람들이 '지방=살'이라는 공식에 사로잡혀 있지만 대사탄력성을 정상화하기 위해서는 양질의 지방 섭취가 필수적이다. 이는 우리 몸이 지방을 에너지원으로 사용하는 능력을 키우기 위해 좋은 지방을 충분히 공급하는 과정이다.

더 이상 지방을 두려워하지 말자. 견과류, 아보카도, 올리브오일 같은 좋은 지방은 우리 몸에 안정적인 에너지를 공급하면서 포만감도 높여 준다. 여기에 육류, 해산물 등으로 단백질을 충분히 더하면 탄수화물 없이도 충분히 만족스러운 식사가 가능하다. 단, 오일류는 제조과정에서 이미 산화된 옥수수유, 카놀라유, 해바라기유 등은 피해야 하며 냉압착 아보카도오일, 올리브오일, 기버터, 천연 버터, MCT 오일 등을 먹는 것이 좋다.

삼겹살처럼 지방 함량이 높은 육류는 2주차 식단에서는 적극적으로 섭취하는 것이 다이어트 효과를 높여 준다. 하지만 이는 대사가 리셋되는 단기간에 효율성을 높이기 위한 전략이며 에너지 대사가 제자리를 찾으면 섭취량을 적절히 조절하여야 한다. 무엇보다 육류는 조리법이 중요하다. 특히 기름에 튀기거나 강한 불에 굽는 방식은 체내 염증 반응을 유발할 수 있다. 찌기, 삶기, 끓이기 등 건강한 조리방식으로 즐길 수 있는 맛있는 고기요리를 'Part 2'에서 소개하니 참고하자.

단백질은 육류, 생선, 콩류, 버섯 등을 활용해 충분히 먹고 가공육은 피하는 것이 좋겠다. 단백질은 포만감을 주고, 근육을 보호하며 대사를 활성화한다. 다이어트 과정에서 소중한 근육을 지키기 위해서라도 단백질 섭취는 충분히 유지해야 한다.

✘ 살 빠지는 조리법

음식을 어떻게 조리하느냐는 우리 건강에 깊은 영향을 미친다. 특히 고온 조리가 우리 몸에 미치는 영향은 생각보다 복잡하고 심각하다. 고온에 굽고, 튀기고, 볶는 요리들이 가진 문제점들을 하나씩 살펴보자.

먼저, 수분 손실의 문제다. 우리가 음식을 굽거나 튀길 때, 그 바삭한 식감의 이면에는 심각한 수분 손실이 숨어있다. 고온은 음식 속의 소중한 수분을 증발시킨다. 이렇게 만들어진 건조한 음식은 소화 과정에서 우리 몸의 추가적인 수분을 필요로 한다. 결국 몸을 건조하게 만드는 것이다.

더 심각한 것은 영양소의 파괴다. 비타민 C와 B군 비타민은 고온에서 쉽게 파괴된다. 우리가 건강을 위해 신중하게 선택한 식재료들의 영양가가 고온 조리 과정에서 상당 부분 손실되는 것이다.

지방의 산화 역시 심각한 문제이다. 특히 씨앗유(콩기름, 해바라기유, 옥수수유)는 고온에서 매우 불안정해진다. 산화된 지방은 우리 몸에서 일종의 독소로 작용하여 염증을 일으킨다. 또한 산화하며 생성되는 트랜스지방과 산화 콜레스테롤은 우리의 혈관 건강을 위협한다.

또 우려되는 것은 AGEs(당화 최종산물)의 형성이다. 고온에서 단백질과 당이 결합하여 변성되면서 생성되는 이 물질들은 혈관을 손상시키고, 염증을 일으키며, 노화를 촉진한다. 더욱이 인슐린 저항성을 높여 대사 건강까지 위협한다.

고열조리에 따른 효소의 파괴도 간과할 수 없다. 천연 효소들은 우리 몸의 소화와 대사를 돕는 필수적인 조력자다. 하지만 고온 조리는 이러한 효소들을 불활성화시켜 결과적으로 우리 몸의 소화와 영양소 흡수를 방해한다.

이처럼 굽기, 튀기기, 볶기는 체중 증가로 이어지기 쉬운 조리 방법이다. 따라서 가능하다면 저온 조리법이나 간단한 조리법을 우선 선택하는 것이 바람직하다. 그러나 실제 생활에서 이러한 조리법을 완전히 배제하기란 쉽지 않다. 그래서 이 책에서는 영양학적 균형을 고려한 굽기와 볶기 요리도 일부 엄선해 소개했다. 현실적으로 '더 나은 선택지'를 제안하기 위함이다.

✕ 체수분과 다이어트의 연결고리

같은 프로그램에 참여하는데도 어떤 사람들은 유독 체지방 감량이 더디게 진행된다. 처음에는 이것이 단순히 개인차라고 생각했지만, 많은 사람들의 인바디 결과를 분석하면서 한 가지 공통점을 발견했다. 체지방 감량이 잘 안 되는 사람들은 어김없이 체수분 수치가 낮았다.

이처럼 체수분은 다이어트와 상관관계가 깊다. 특히 기억에 남는 한 참여자의

사례가 있다. 이미선 씨(가명)는 철저히 식단을 관리했음에도 체지방 감량이 남들보다 더디게 진행되었다. 그녀의 인바디 결과를 자세히 들여다보니 체수분량이 현저히 낮았다. 이는 마치 메마른 땅에서 꽃을 피우려는 것과 같은 상황이다.

이미선 씨의 변화는 우리가 체수분 관리에 집중하면서 시작되었다. 특히 매일 2ℓ의 죽염수를 꾸준히 마시는 것에 초점을 맞추었다. 하루 동안 신체가 필요로 하는 물의 양은 체중, 활동량, 환경 조건에 따라 달라지지만, 일반적으로 체중 60kg의 성인을 기준으로 하루 2ℓ 정도가 권장된다. 하지만 개인의 상태에 따라 더 많은 물이 필요할 수도 있다. 하루 동안 사람의 몸은 약 2,700mℓ의 물을 소비하는데, 이 중 약 1,000mℓ는 식사를 통해 섭취하는 수분으로 보충된다. 따라서 나머지 1,700mℓ는 음료나 순수한 물을 통해 보충해야 한다

이미선 씨는 꾸준히 죽염수를 마시고 체수분 수준이 정상화되었고 그제야 체지방이 감소하기 시작했다. 수분을 채우고 죽염으로 전해질과 풍부한 미네랄을 공급해 대사 과정이 원활하게 이루어질 수 있는 내부 환경을 만들자 기다렸다는 듯이 다이어트 효과가 나타난 것이다.

체수분과 근육량은 마치 쌍둥이처럼 정확히 비례하고 체수분과 지방량은 정반대의 관계를 보인다. 수분이 충분히 채워질수록 지방은 줄어드는 것이다. 근육은 75% 이상이 수분으로 이루어져 있기 때문에 체수분이 부족해지면 근육량도 자연스럽게 줄어든다. 체수분이 부족하면 근육 속 글리코겐과 단백질이 분해되기 시작하기 때문이다.

근육이 많을수록 기초대사량은 높아진다. 소위 '근수저'들은 가만히 숨만 쉬고 있어도 더 많은 칼로리를 소비한다. 반대로 근육량이 줄어들면 기초대사량도 떨어진다. 이는 곧 체지방이 쉽게 쌓이는 체질로 변한다는 의미다.

체수분은 혈액과도 관련이 깊다. 체수분이 부족하다는 것은 곧 혈액량이 충분하지 않다는 의미이기도 하다. 많은 사람들이 빈혈을 단순히 철분 부족으로만 생각하지만, 실제로는 혈액의 총량 자체가 부족한 경우가 많다.

이뿐만이 아니다. 수분은 지방을 태우는 과정에서 필수적인 역할을 한다. 마치 자동차에 엔진오일이 필요한 것처럼 우리 몸의 지방 산화 과정에도 충분한 수분이 필요하다. 수분이 부족하면 이 과정이 현저히 느려지거나 비효율적이 된다. 아무리 좋은 식단과 운동을 해도, 체수분이 부족하면 지방 분해가 더디게 진행될 수밖에 없는 것이다.

문제는 현대인들의 생활습관이 체수분 부족을 더욱 악화시킨다는 점이다. 커피를 과다 섭취하거나, 술을 자주 마시거나, 담배를 피우는 습관은 모두 체수분을 고갈시킨다. 특히 술은 항이뇨 호르몬의 분비를 억제해 체내 수분 유지를 방해한다. 맥주 한 잔을 마시고 화장실을 두세 번 가는 이유가 바로 이 때문이다.

건조한 음식도 체수분에 큰 영향을 미친다. 빵, 쿠키, 떡과 같은 건조한 음식을 많이 먹으면 소화를 위해 더 많은 위액이 필요하다. 위액 생성에는 많은 양의 체액이 필요한데, 이 과정에서 체내 수분이 고갈될 수 있다. 반면 국물이나 수분이 풍부한 음식은 소화에 필요한 위액이 적어 체수분을 높이는 데 도움이 된다.

우리 몸은 정원과 같다. 아무리 좋은 씨앗(식단)을 심고, 비료(운동)를 준다 해도 충분한 물이 없다면 결실을 맺을 수 없다. 복잡한 식이 전략이나 집중적인 운동 프로그램에 초점을 맞추기 전에, 우리는 먼저 우리 몸의 기본적인 수분 요구를 충족시켜야 한다. 이는 마치 집을 지을 때 벽과 지붕을 올리기 전에 단단한 기둥을 세우는 작업과 같다. 그래서 다이어트를 시작하기 전에 반드시 체수분을 정상화해야 한다.

죽염수나 미네랄이 풍부한 국물을 충분히 섭취하면서 체수분을 올리는 것은 다이어트의 첫 번째 과제다. 우리 몸의 체액은 약 0.9% 염도를 가진 상태로 유지된다. 그래서 맹물을 많이 마시면 체내 염도 유지가 어려워지고, 몸은 이를 조정하기 위해 섭취한 수분을 소변으로 빠르게 배출해 버린다. 물과 염분의 균형이야말로 다이어트의 첫 단추인 셈이다.

0칼로리 아메리카노, 다이어트 음료인가요?

많은 사람들이 아메리카노를 '0칼로리의 다이어트에 도움 되는 음료'로 생각한다. 하지만 이는 우리 몸의 작동 원리를 지나치게 단순화한 해석이다. 커피로 다이어트에 성공했다는 이야기들을 자세히 들여다보자. 대부분 단기간에 체중만 감소한 경우가 많다. 하지만 그들이 줄인 것은 정말 체지방일까?

최근 만난 한 지인의 이야기가 기억에 남는다. 그녀는 아메리카노만 마시면서 극단적인 다이어트를 반복했고, 결과적으로 10kg을 감량했다. 하지만 정밀 체성분 검사 결과는 충격적이었다. 감소한 체중의 대부분이 근육과 수분이었던 것이다. 이는 잘못된 다이어트의 전형적인 사례라 할 수 있다.

다이어트의 본질은 근육을 지키면서 체지방만 선택적으로 줄이는 것이다. 그런데 커피는 근육을 지키는 데 문제가 된다. 방탄커피는 괜찮지 않냐고 물어보는 사람도 많은데, 커피는 강한 이뇨작용을 일으킨다. 카페인이 신장에 작용해 수분 배출을 촉진하기 때문이다. 체중이 빠르게 줄어드는 것처럼 보이지만 실제로는 수분 손실과 함께 근육량 감소가 동시에 일어나는 경우가 많다.

방탄커피에 버터와 MCT 오일이 들어간다고 해서 마법이 일어나지는 않는다. 여전히 카페인의 이뇨작용은 동일하게 작용하며 이는 지방을 태우는 몸으로 전환되는 과정에서 오히려 방해가 될 수 있다. 우리 몸이 지방을 효율적으로 대사하려면 충분한 수분과 미네랄이 필요하기 때문이다.

불면증이 있는 사람이라면 커피는 더욱 치명적이다. 수면은 근육을 생성하고 회복하는 가장 중요한 시간이다. 성장호르몬의 분비가 가장 활발한 시기가 바로 깊은 수면 중이다. 커피로 인한 수면 방해는 근육 생성을 저해하고, 결과적으로 다이어트 성공을 더욱 어렵게 만든다.

이런 이유로 커피 대신 미네랄이 풍부한 죽염수를 마시는 것이 좋다. 죽염수는 체내 수분과 미네랄 균형을 맞춰주면서 자연스러운 대사 활성화를 도우며, 무엇보다 근육량 유지에 도움이 된다.

결론적으로 아메리카노는 '0칼로리'라는 이유만으로 다이어트 음료라 부르기 어렵다. 일시적으로 체중은 줄일 수 있을지 몰라도, 지속 가능한 체지방 감량과는 거리가 멀다.

✖ 소금의 누명을 벗기자

다이어트를 할 때 흔히 하는 실수가 바로 '소금'을 무조건 멀리하는 것이다. 저염식이 다이어트와 건강에 좋다고들 생각하지만 내가 다이어트 프로그램을 연구하고 수차례 현장에서 적용하며 확인한 사실은 소금, 정확히는 '죽염'이 다이어트의 강력한 조력자라는 것이다.

현대 사회에서는 소금 섭취를 지나치게 제한하는 경향이 있다. 그러나 소금은 과도할 때보다 부족할 때 더 큰 문제를 일으킬 수 있다. 많은 사람들이 소금을 단순히 음식의 맛을 내는 조미료로만 생각하지만 실제로 소금의 주요 성분인 나트륨은 우리 몸에서 복잡하고 정교한 생리학적 기능을 수행하기 때문이다.

특히 우리 몸의 세포를 들여다보면 소금이 우리 몸에 얼마나 중요한지를 잘 알 수 있다. 우리 몸의 가장 기본적인 단위인 세포는 끊임없이 재생하며 복잡한 생태계 속에서 살아가고 있다. 60조 개에 달하는 세포들은 매 순간 새로워지며, 1초에 무려 100만 개의 세포가 재생된다. 이러한 끊임없는 재생 과정에서 가장 중요한 것이 바로 세포를 둘러싼 환경, 즉 세포외액의 건강성이다.

그런데 체세포를 둘러싼 세포외액의 미네랄 구성은 바닷물과 유사하다. 생명이 바다에서 시작되었듯이 우리 세포도 여전히 '작은 바다' 속에서 살아가고 있는 것이다. 태아를 보호하는 양수 역시 이와 같은 미네랄 구성을 가지고 있다. 이는 생명의 시작부터 끝까지, 체세포가 소금을 필요로 한다는 것을 시사한다.

인체 내 혈액의 염분 농도는 약 0.9%이며, 세포의 외부환경이 되는 체액의 염분 농도 역시 정확히 0.9%를 유지하고 있다. 응급실에서 가장 먼저 투여하는 생리식염수가 0.9% 농도인 이유도 여기에 있다. 이 균형은 신진대사의 효율성과도 직결된다. 세포가 영양분을 흡수하고 노폐물을 배출하는 과정이 원활하게 이루어지려면 이 0.9%의 미네랄 균형이 유지되어야 한다. 이 미네랄 균형이 깨지면 정상적인 기능을 수행할 수 없는 것이다. 이렇게 체중의 약 70%를 차지하는 체액은 정교하게 조절된 미네랄의 바다이며, 이는 체온을 36.5도로 유지하고 세포의 신진대사를 가능하게 하는 기본 조건이다.

이렇게 부족하지 않게 조절해야 하는 소금, 과연 우리 몸에 어떤 역할을 할까? 소금은 인체의 다양한 기능을 연결하고 조율하는 핵심 요소이다. 가장 주목할 만한 것은 나트륨의 신경계 조절 기능이다. 우리의 신경 세포들은 나트륨을 이용해 전기 신호를 전달한다. 움직이고, 느끼는 모든 순간에 나트륨이 관여하고 있는 것이다.

더욱 흥미로운 것은 세포 수준에서의 역할이다. 나트륨은 포도당과 아미노산이 세포 내로 들어가는 것을 돕는 '게이트키퍼' 역할을 한다. 우리가 섭취한 영양소가 실제로 세포에서 활용되기 위해서는 이 나트륨의 도움이 필수적인 것이다.

심장 박동의 리듬을 조절하는 것도 나트륨의 중요한 역할 중 하나다. 심장의 각 박동은 나트륨 이온의 정확한 움직임에 의해 조절된다. 또한 나트륨은 체내 수분 균형의 핵심 조절자다. 우리 몸의 각 세포는 적절한 수분 농도를 필요로 하는데 나트륨은 이 섬세한 균형을 유지하는 데 결정적인 역할을 한다. 너무 많은 수분이 있으면 배출하고, 부족하면 보유하는 이 정교한 조절 시스템은 나트륨 없이는 작동할 수 없다. 이제 소금을 단순히 제한해야 할 대상이 아닌, 신중하게 관리해야 할 필수 영양소로 바라보아야 한다는 것을 이해하였을 것이다.

건강한 사람이라면 소금에 대해 걱정할 필요가 없다. 인체에는 정교한 염분 조절 시스템이 존재하기 때문이다. 마치 정밀한 온도 조절 장치처럼 몸은 혈중 나트륨 농도를 지속적으로 모니터링하며 항상성을 유지한다. 일시적으로 염분 섭취가 증가하거나 감소해도, 체내 항상성 메커니즘이 이를 자연스럽게 보정하는 것이다.

이러한 체내 염분 조절의 핵심 기관은 신장이다. 신장은 혈압과 체액량의 변화를 감지하고 나트륨과 수분 배출을 조절하는 역할을 한다. 혈중 나트륨 농도가 높아지면 신장은 과잉 나트륨을 소변으로 배출한다. 반대로 나트륨 수치가 낮아지면 신장은 나트륨을 보존하는 방향으로 작동한다.

그럼에도 짜게 먹으면 몸에 해롭다는 인식 때문에 강박적으로 소금을 줄여 먹는 사람을 요즘 흔하게 볼 수 있다. 그러나 장기간의 과도한 저염식은 우리 몸에 생각보다 심각한 영향을 미칠 수 있다.

나트륨이 부족해지면 가장 먼저 신장에 부담이 생긴다. 신장은 체내 전해질 균형을 유지하기 위해 끊임없이 에너지를 소비하는데, 나트륨이 부족하면 이 과정에서 에너지 부족에 시달리고 부전이 올 수도 있다. 또한 지속적인 저염식은 인슐린 감수성을 낮추어 지방 축적을 유발할 수 있다. 이렇게 나트륨이 부족하면 위험하므로 신체는 여러 가지 경고 신호를 보낸다. 수족 냉증, 짙은 소변 색, 피부 탄력 감소, 소변량 감소, 겨드랑이 피부의 건조와 변색, 만성피로, 방광염 등 잦은 염증은 나트륨 부족의 신호일 수 있다.

건강한 성인의 경우 하루 8~16g의 소금 섭취가 필요하다. 세계보건기구(WHO)가 권장하는 하루 5g 이하의 기준은 특정 질병 예방을 위한 최소 권장량일 뿐 모든 사람에게 적용할 수 있는 보편적 기준은 아니다. 오히려 섭취량을 늘려야 하는 사람도 있다. 예를 들어 갑상샘 기능 저하증 환자의 경우, 대사율 저하로 인해 나트륨 균형이 쉽게 무너질 수 있다. 이런 경우 추가적인 소금 섭취가 대사 기능 정상화에 도움이 될 수 있다. 부신 기능이 저하된 경우도 마찬가지다. 부신에서 분비되는 호르몬들이 나트륨 균형 유지에 핵심적인 역할을 하기 때문이다.

단, 특정 약물 치료를 받는 사람들은 소금 섭취량을 조절해야 한다. 항우울제, 항정신병 약물, 이뇨제, 당뇨약 등은 체내 나트륨 대사에 영향을 미칠 수 있다. 이러한 약물을 복용하는 경우 적절히 소금 섭취량을 조절할 필요가 있다.

운동에 따른 나트륨 손실도 중요한 고려 사항이다. 격렬한 운동이나 사우나 이용 후에는 땀으로 인한 나트륨 손실이 상당하다. 이때는 적절한 전해질 균형을 맞추기 위한 소금 섭취가 필요하다.

저탄수화물 식단이나 간헐적 단식을 실천하는 경우도 소금량을 늘려야 한다. 이때는 인슐린 분비가 감소하면서 자연스럽게 나트륨 배출이 증가하기 때문에 의도적인 소금 보충이 요구된다.

이러한 과학적 이해를 바탕으로 소금 섭취는 획일적인 기준이 아니라 개인의 생리적 특성과 생활 방식에 맞춰 조절되어야 한다.

✖ 죽염으로 지방을 태우는 속도를 가속화하다

앞에서 강조했듯이 저탄수화물 식단을 할 때에는 소금을 충분히 섭취해야 한다. 저탄수화물 식단 초기에 신체는 여러 가지 변화를 겪게 되는데, 이때 적절한 염분을 섭취하지 않으면 피로감, 탈수, 근손실 등의 증상을 경험할 수 있다. 이는 우리 몸이 오랜 시간 익숙했던 탄수화물 연료 대신 지방을 에너지원으로 사용하는 법을 배우는 과정에서 나타나는 일시적인 반응이다. 이러한 문제를 예방하고 건강한 다이어트를 효율적으로 지속하는 방법이 바로 '죽염수'를 활용하는 것이다.

탄수화물을 줄이기 시작하면 신체는 에너지원으로 글리코겐을 사용하게 된다. 글리코겐은 1g당 약 3~4g의 수분을 저장하는데, 이 과정에서 글리코겐이 분해되면서 수분도 함께 빠져나간다. 또한 탄수화물 섭취 감소로 인해 인슐린 분비가 줄어들게 되는데, 인슐린은 신장에서 나트륨과 수분을 재흡수하는 역할을 하기 때문에 인슐린 수치가 낮아지면 신체는 더 많은 나트륨을 배출하게 된다.

이러한 과정 속에서 정상적인 염분 농도를 유지하기 위해 수분을 배출하기 때문에 전반적인 수분 손실로 이어질 수 있다. 이렇게 전해질 균형이 깨지면 피로감, 두통, 근육 경련 등의 증상이 나타나고, 심한 경우 탈수와 근손실이 발생하여 다이어트를 지속하기 어려워진다. 따라서 이 시기에는 체내 전해질 균형을 관리하는 것이 매우 중요하다.

이를 위한 방법으로 일반 소금보다 미네랄이 풍부하고 갈증이 나지 않는 죽염을 섭취하는 것이 효과적이다. 정제 과정에서 미네랄이 제거된 일반 정제염은 오히려 몸에 부담을 줄 수 있으니 피하는 게 좋다.

일반 소금과 달리 죽염은 고온에서 여러 차례 구워 불순물이 제거되어 있고 인체에 유용한 미네랄을 풍부하게 함유하고 있다. 또한 칼슘, 칼륨, 마그네슘, 아연 등 우리 몸에 필수적인 미네랄이 비교적 균형 있게 포함되어 있다.

현대인의 식단은 풍요로워 보이지만 영양적으로는 결핍 상태에 빠진 경우가 많다. 특히 가공식품과 정제 탄수화물이 주를 이루는 식습관은 필수 미네랄의 부족을 초래하며 식욕 조절 시스템을 교란시킬 수 있다. 우리 몸이 필수 영양소를 충족하지 못하면 더 많이 먹으려는 신호를 보내기 때문이다. 이렇게 현대인의 과식 충동은 종종 미네랄 결핍과 연관되어 있는데 죽염의 균형 잡힌 미네랄 구성은 이러한 영양학적 갈망을 효과적으로 해소할 수 있다.

죽염의 효과는 여기서 그치지 않는다. 죽염의 풍부한 미네랄은 신진대사를 활발하게 해 면역력 강화에 도움을 주고 강력한 항산화 작용을 해 체내 활성산소를 제거하는 데도 도움이 된다. 이는 다이어트 과정에서 발생할 수 있는 산화 스트레스를 줄이는 데 유리하며 노화 방지와 면역력 향상에도 기여한다. 게다가 현대인들은 산성 식품을 과다하게 섭취하는 경향이 있는데, 죽염은 강알칼리성이라 체액의 산성화를 중화하는 역할을 한다. 이는 건강한 체내 환경을 조성하고 신진대사를 원활하게 유지하는 데 도움을 준다.

하루 15~20g 정도의 죽염을 섭취하면 나트륨, 염소, 칼륨, 황, 인, 칼슘 등 다양한 미네랄을 충분히 보충할 수 있다. 특히 물에 죽염을 녹여 마시면 체내 수분 보충과 전해질 균형을 동시에 유지할 수 있어 다이어트 과정에서 발생하는 부작용을 최소화할 수 있다. 숙면을 위해서도 염분 섭취는 중요하다. 체내 염분이 부족하면 수면의 질이 저하될 수 있으므로 염분과 수분 섭취를 적절히 관리하는 것이 필요하다.

이제 오래된 상식을 버릴 때가 되었다. 소금이 건강과 다이어트의 적이라는 생각은 큰 오해이다. 오히려 소금은 건강한 다이어트의 필수 요소다. 이 책의 저탄수화물 식단 프로그램은 우리 몸의 에너지 시스템을 완전히 재구성하는 과정이다. 이 과정에서 죽염의 적절한 활용은 성공적인 적응과 지속을 위한 핵심 요소라고 할 수 있다.

✕ 가벼워지는 습관, 죽염수 마시기

가장 효과적인 죽염 섭취 방법은 '죽염수'를 마시는 것이다. 최적의 비율은 생수 1ℓ당 죽염 5g(약 1/2작은술)이다. 이는 우리 몸의 세포외액과 가장 유사한 농도다. 하루 섭취량은 2ℓ의 죽염수를 통해 총 5~10g의 죽염을 섭취하는 것이 적당하다. 생수에 죽염 1/2작은술을 타서 하루에 한두 번 마셔도 된다. 단, 섭취 농도와 하루 섭취량은 개인에 달라질 수 있다. 만약 저탄수 식단으로 탈수 증세가 나타났다면 섭취량을 조금 늘리는 것이 도움이 된다. 단, 기저질환이 있다면 전문가와 상담하여 섭취량을 조절하자.

'죽염수를 마시면 계속 목이 마르지 않을까?'라고 생각하기 쉬운데, 신기하게도 죽염을 먹으면 일반 소금의 2~3배를 먹어도 갈증이 나지 않는다. 체액의 전해질 농도가 분명히 높아지는 데도 어떻게 갈증이 적을까? 죽염은 소금 속에 여러 가지 불순물이 정화된 상태이기 때문에 물을 끌어들여 소금 속의 나쁜 물질을 해독하려는 효소를 만들 필요가 없고, 불필요한 신진대사 과정이 줄어들어 에너지를 소모할 필요가 없다. 또한 죽염 속의 미네랄은 전도도(물질 안에서 전하가 얼마나 쉽게 이동할 수 있는가를 수치로 표현한 개념)가 낮아 인체의 전류 흐름에 영향을 덜 받아 세포에 빠르게 스며들어 전해질 농도를 스스로 조절하는 능력이 뛰어나다.

다이어트 중에 물을 많이 마시는 것이 중요하다는 것은 다들 알고 있을 것이다. 그러나 단순히 물만 마시는 것이 아니라 미네랄이 풍부한 천연 소금과 함께 섭취하는 것이 핵심이다. 맹물만 과다 섭취하면 체내 염분 농도가 낮아져 신장은 더 많은 수분을 배출하게 되고, 이로 인해 오히려 탈수가 심해질 수 있다. 미네랄이 동반되지 않은 과다한 수분 섭취는 신장의 보상적 수분 배출을 촉진하여 결과적으로 탈수를 악화시킬 수 있는 것이다.

그러나 적절한 미네랄 농도의 죽염수는 체내 수분-전해질 균형을 최적화하고, 세포 수준에서의 수분 이용률을 향상시킨다. 효과적으로 수분을 보충하는 동시에 세포의 대사 환경을 개선하는 포괄적인 접근 방법이다.

죽염수의 효과를 직접 경험한 사람들은 평소에 고탄수화물 음식이나 술을 마신 다음 날 죽염수를 에너지 대사의 균형을 맞추는 도구로 활용한다. 체중 감량 속도를 높이고 싶은 사람들에게 내가 가장 먼저 이야기하는 것도 바로 죽염수이다. 오늘부터 탈수 걱정 없이 간편하게 체내 수분과 염도를 적절하게 유지하면서 부족해지기 쉬운 미네랄을 섭취할 수 있도록 죽염수를 마시는 습관을 하나의 생활 루틴으로 만들어보자.

✔ Diet Tip 효과적으로 죽염수 마시기

처음부터 하루에 죽염수 2ℓ를 마시라고 권하면 부담을 느끼는 사람이 많다. 간단하게 죽염수 마시는 방법에 대해 알아보자. 죽염수는 한 번에 많은 양을 마시기보다 하루 종일 일정한 간격으로 나누어 섭취하는 것이 좋다. 특히 아침에는 따뜻한 죽염수 한 잔으로 하루를 시작해보자. 아침에 일어나자마자 물을 마시면 밤사이 쌓인 노폐물을 배출하고 장을 깨워 소화에도 도움이 된다.

대사탄력성을 높이려면 부엌의 양념부터 싹 바꿔야 한다. 우리는 매일 먹는 음식 속에서 다양한 양념을 접한다. 하지만 흔히 먹는 외식 메뉴에는 많은 양의 설탕, 나트륨, 화학조미료가 포함되어 있다. 이러한 성분들은 과식을 유도하고 체내 염증과 대사 장애를 유발하여 다이어트를 방해하는 주범이 될 수 있다. 그렇다면, 건강한 식단을 유지하면서도 맛을 포기하지 않을 방법은 없을까? 정답은 바로 자연에서 얻은 건강한 양념을 활용하는 것이다.

현대인은 점점 더 강하고 자극적인 맛에 익숙해지고 있다. 패스트푸드, 인스턴트 식품, 그리고 다양한 화학조미료는 우리의 미각을 지배하며 점차 자연의 맛을 둔하게 만든다. 이러한 식습관은 건강뿐만 아니라 다이어트에도 부정적인 영향을 미친다.

특히 가공식품에 포함된 감칠맛 강화제(MSG)와 인공 첨가물은 식욕을 과도하게 자극하여 필요 이상의 음식을 먹게 만든다. 그 결과 체중 증가는 물론, 두통, 알레르기 반응, 소화불량 등의 부작용까지 발생할 수 있다. 장기적으로 볼 때 화학조미료가 들어간 가공 식품은 고혈압, 비만, 당뇨와 같은 생활습관병의 위험을 높인다.

많은 사람이 다이어트를 하면 가장 먼저 맛있는 음식은 포기해야 한다고 생각한다. 그러나 설탕이나 화학조미료 없이도 맛을 낼 수 있는 방법은 많다. 특히 죽염, 죽염간장, 죽염된장과 같은 전통적인 발효 양념들은 화학조미료 없이도 깊은 감칠맛을 낸다. 여기에 토마토, 표고버섯, 다시마와 같은 식재료들을 더하면, 화학조미료 없이도 충분히 깊고 풍부한 맛을 만들어낼 수 있다. 이러한 자연의 재료들은 각각 글루탐산, 구아닐산 같은 천연 감칠맛 성분을 포함하고 있어 건강하면서도 만족스러운 맛을 낸다.

죽염과 죽염간장, 죽염된장을 기본 양념으로 활용한 음식들은 단순히 짠맛을 내는 것이 아니라 깊은 감칠맛을 제공하면서도 장 건강을 도와 소화 기능이 개선되고 면역력이 증가하는 이점도 얻을 수 있다.

현대 사회에서 외식을 피하기란 쉽지 않다. 하지만 외식으로 섭취하는 음식에는 보이지는 않지만 많은 양의 설탕, 나트륨, 그리고 화학조미료가 포함되어 있을 가능성이 크다. 따라서 건강이나 다이어트를 위해서는 가급적 집에서 직접 조리한 음식을 섭취하는 것이 좋다.

건강한 다이어트 요리를 만들기 위해서는 복잡한 레시피나 많은 양념이 필요하지 않다. 죽염과 전통 발효 양념만으로도 깊고 감칠맛 나는 요리를 만들 수 있다. 이런 건강한 양념을 잘 활용하면 맛뿐만 아니라 건강과 다이어트 효과까지 동시에 얻을 수 있다.

우리의 몸은 우리가 먹는 음식에 따라 변화한다. 건강한 식습관을 형성하기 위해서는 자연의 맛을 되찾고, 인공 조미료에 의존하는 습관을 줄이는 것이 중요하다. 건강한 양념이 만드는 맛있고 가벼운 식탁, 오늘부터 시작해 보는 것은 어떨까?

✕ 건강한 식탁을 만드는 3총사: 죽염, 죽염간장, 죽염된장

아픈 사람들에게 약 대신 음식을 처방해 온 지도 꽤 오랜 시간이 흘렀다. 영양학과 음식 재료의 유효성분에 대해 연구하며 수백 가지의 건강 요리를 개발했지만, 나의 부엌에 있는 기본 양념류는 매우 단출하다. 특히 짠맛을 내는 양념으로는 죽염, 죽염간장, 죽염된장이 전부다. 국적 없는 다양한 건강 요리들을 늘 개발하지만 이 세 가지만으로도 감칠맛이나 깊은 맛을 내기에는 충분하다. 화려한 양념의 조합이 아닌, 기본에 충실한 제대로 된 천연 양념의 질이 요리의 맛을 좌우한다는

것만 알아도 건강과 다이어트에 많은 도움이 된다.

간장과 된장은 그 자체로 매우 훌륭한 발효식품이며 주재료는 메주이다. 메주의 주원료인 노란콩의 영양가치는 간장, 된장을 만드는 발효 과정을 통해 한층 더 높아진다. 콩은 단백질과 지질이 풍부하면서도 칼로리는 상대적으로 낮으며 특히 발효 과정을 거친 후에는 콩 단백질의 소화 흡수율이 현저히 향상되어 더욱 효과적인 영양 공급이 가능하다. 또한 메주콩에 함유된 이소플라본은 여성호르몬과 유사한 작용을 하여 갱년기 증상 완화에 도움을 주며, 레시틴은 인지 기능 개선과 콜레스테롤 대사에 긍정적인 영향을 미친다.

이러한 메주의 영양학적 가치는 죽염과 만나면서 더욱 특별한 시너지를 발휘한다. 우리 몸의 대사 과정을 최적화하는 데 도움을 주고 세포 수준에서 작용하여 체내 항상성 유지에 기여하는 죽염과 대표적인 발효식품이 만나 소화 부담은 줄이고 에너지 흡수는 높이는 등 전반적인 건강 증진에 기여한다.

죽염간장과 죽염된장에 대해 더 자세하게 알아보자. 어떤 간장을 사야 하는지

물어보는 분들이 많은데, 간장은 발효 간장이 좋으며 그중에서도 미네랄이 풍부한 죽염간장을 추천한다. 흔히 마트에서 파는 일반 간장은 가격도 저렴하고 먹기에도 편리하지만 재래식으로 장독에서 메주와 소금물만 넣고 발효시킨 발효간장의 영양과 가치를 따라올 수는 없다. 전통 방식으로 숙성시킨 간장이 대장암과 대장염 치유에 효과가 있다는 것은 이미 널리 알려져있다. 그러나 시중에서 판매되는 화학간장은 MSG로 불리는 글루탐산나트륨으로 인해 알레르기와 두통, 소화불량 등의 부작용을 염려해야 한다. 양조간장의 본래 뜻은 발효간장이지만 시판되는 양조간장은 대부분 화학간장이므로 성분 표시를 확인할 필요가 있다.

죽염간장의 효능은 여러 측면에서 나타난다. 예전에는 소화가 안 되면 묵은 간장을 먹었다. 소화불량이나 속 쓰린 위염, 위궤양 등에 효과가 좋기 때문이다. 무더운 여름엔 찬물에 조선간장을 타서 마시는 것으로 빠져나간 염분과 미네랄을 보충했다. 그러나 최근엔 간장과 된장 등의 전통 장류를 기계화된 공장에서 대량 생산하게

되면서 본래의 약성을 기대할 수 있는 간장을 사기가 까다로운 일이 되어버렸다. 그래서 더욱 전통 방식으로 담근 죽염간장을 선택해야 한다.

죽염간장은 장 건강 개선에도 효과적이다. 죽염간장의 발효성분은 장내 미생물 생태계의 균형을 맞추는 데 도움을 주며, 이는 전반적인 소화 기능 향상으로 이어진다.

간 건강에도 영향을 미치는데 죽염간장에 함유된 메치오닌과 레시틴은 간세포의 재생을 돕고 해독 작용을 촉진한다. 따라서 현대인들이 일상적으로 노출되는 각종 환경 독소로부터 간을 보호하는 데 도움이 될 수 있다.

면역 체계 강화에도 효과를 볼 수 있다. 죽염간장의 항산화 작용을 통해 체내 산화 스트레스를 감소시키고, 이는 결과적으로 면역력 향상으로 이어진다. 특히 현대 사회에서 증가하는 환경오염과 스트레스로 인한 면역력 저하에 대응하는 데 도움이 될 수 있다.

된장은 어떤 것을 선택해야 할까? 일단 집된장이나 재래된장을 먹는 것이 좋다. 자연스러운 된장 발효 과정에서 생성되는 다양한 생리활성 물질들은 우리 건강에 좋은 영향을 미친다. 특히 죽염을 사용한 된장은 미네랄 균형이 최적화되어 있어 영양학적 가치가 한층 더 높아진다.

된장의 건강 증진 효과 중 가장 주목할 만한 것은 항암 작용이다. 이는 주로 된장에 풍부하게 함유된 이소플라본이라는 식물성 화합물의 작용에 기인하는데, 이소플라본은 분자 구조적으로 에스트로겐과 유사하여 특히 호르몬 관련 암에 대한 예방 효과를 기대할 수 있다.

더불어 된장은 프로바이오틱스의 보고로서 장 건강에 중요한 역할을 한다. 발효 과정에서 생성되는 다양한 유산균들은 장내 미생물 생태계의 균형을 개선하는 데 도움을 준다. 우리 면역 세포의 약 70%가 장에 위치해 있다는 사실을 고려할 때 건강한 장내 환경의 유지는 전신 면역력 강화로 이어질 수 있다. 우리가 된장을 가까이해야 되는 이유이다.

또한 된장의 리놀렌산과 생리활성 펩타이드는 심혈관 건강에도 긍정적인 영향을 미친다. 이러한 성분들은 콜레스테롤 대사를 최적화하고 혈압 조절 효소들의 활성을 조절하며 혈관 내피 세포의 기능을 개선한다. 특히 발효 과정에서 생성되는 펩타이드들은 고혈압 예방에 도움이 된다고 한다.

된장의 생리활성 물질들은 간 건강도 지원한다. 이 물질들은 간의 해독 효소 시스템을 활성화하고, 항산화 방어 체계를 강화하며 간세포를 보호하고 재생을 촉진한다.

특히 주목할 만한 것은 된장의 발효 과정이 영양소의 생체이용률을 향상시킨다는 점이다. 단백질이 분해되어 생성되는 아미노산과 펩타이드는 우리 몸이 영양소를 더욱 쉽게 흡수하고 활용할 수 있는 형태로 전환되며, 발효 과정에서 생성되는 효소들은 다른 영양소의 흡수도 촉진한다.

다이어트는 결국 균형이 깨진 대사 시스템을 바로잡는 과정이다. 요리의 기본이 되는 양념을 바꾸는 것은 이러한 대사 불균형을 자연스럽게 교정하는 데 큰 역할을 할 수 있다. 이들은 장내 미생물 생태계를 개선하고, 염증 반응을 조절하며, 세포의 에너지 대사를 최적화함으로써 전반적인 대사 건강을 증진시키는 데 도움을 주기 때문이다. 이제 우리 부엌의 양념장을 이러한 대사적 관점에서 바라보자. 기본 양념을 바꾸는 것이 얼마나 대사 회복에 큰 영향을 미치는지를 알게 될수록 양념의 가짓수는 점점 줄어들 것이다.

✕ 토마토, 다이어트 요리의 완벽한 파트너

다이어트 식재료로 내가 가장 먼저 추천하는 것은 바로 토마토이다. 토마토가 특별한 이유는 천연 조미료의 역할도 하기 때문이다. 특히 저탄수화물 식단을 하면서 자주 먹게 되는 육류 요리에 토마토를 더하면 놀라운 변화가 일어난다.

무엇보다 토마토는 육류의 누린내를 잡아주는 동시에 감칠맛을 더해준다. 그래서

복잡한 양념 없이도 토마토 하나면 고급 레스토랑 못지않은 맛을 낼 수 있다. 특히 고기를 구울 때 토마토를 함께 구우면 토마토의 신맛이 고기의 기름진 맛과 완벽한 조화를 이루는 것을 경험할 수 있다. 이렇게 하면 소화 부담을 줄이는 데에도 도움이 된다.

또한 토마토는 영양가가 매우 높은 조미료이다. 비타민C는 물론이고 라이코펜 같은 강력한 항산화 물질도 풍부하다. 콜라겐 생성을 돕는 성분들도 들어있어 피부 건강에도 도움이 된다. 이뿐만 아니다. 다이어트 중에 부족하기 쉬운 식이섬유도 보충할 수 있다.

게다가 토마토를 활용하면 요리가 한결 간편해진다. 마늘, 생강, 파 등 여러 가지 양념을 준비할 필요 없이 토마토 하나면 풍부한 맛을 이끌어낼 수 있다. 요리를 잘 모르는 사람이라도 토마토를 활용하면 간편하게 깊이 있는 맛을 구현할 수 있다.

여기에 죽염을 더하면 더욱 완벽해진다. 토마토의 신맛과 죽염의 짠맛이 만나면, 어떤 고급 조미료도 부럽지 않은 맛이 완성된다.

실제 다이어트 프로그램에서도 토마토 스튜 등 토마토를 적극적으로 활용한 요리를 자주 먹은 사람이 더 높은 성공률을 보이는 것으로 나타났다. 이는 토마토가 가지고 있는 뛰어난 항산화 효과를 비롯한 다양한 유효성분들의 복합적인 효과로 해석된다.

52세 약사, 3개월 만에 8kg 감량!
"이제 다이어트 식단이 아니라 평생 식단이에요."

다이어트, 더 이상 미룰 수 없었어요

약국에서 하루 종일 서서 일하니 몸이 무겁고 피곤함이 쉽게 가시지 않았어요. 피곤하니 점점 의욕도 없어지고 살이 찌며 몸이 둔해지는 느낌이 들어서 다이어트를 해야겠다는 생각은 계속했지만 마음만 앞설 뿐 실천은 쉽지 않았지요.

사실 다이어트는 이번이 처음이 아니었어요. 과거에는 식욕억제제를 처방받아 복용하며 체중을 감량한 적도 있었지만 몸이 예민해지고 심장이 두근거려 결국 중단할 수밖에 없었어요. 약을 끊자 체중은 다시 원래대로 돌아왔고 이후에는 약을 복용하는 방식의 다이어트는 꺼려졌죠.

그러던 중 더퍼플다이어트를 접하게 되었어요. 배부르게 먹으며 체지방을 감량하고 건강을 회복할 수 있는 식단이라는 점이 궁금했죠. 처음에는 반신반의했지만 한 번 제대로 해 보자는 마음으로 시작했어요.

> **김주연(52세, 약사)**
> - **몸무게:** 56 → 48kg (8kg 감량)
> - **체지방:** 19 → 12.9kg (6.1kg 감소)
> - **근육량:** 20.1 → 18.6kg (1.5kg 감소)
> - **건강 증진 효과:** 몸이 가벼워지고 피부가 맑아짐, 자연스러운 활동량 증가

식단만으로 3개월 만에 8kg 감량!

저는 하루 2식(점심 1시, 저녁 7시)을 했고, 그 외의 시간에는 공복을 유지했어요. 즐겨

먹은 메뉴는 삼겹살 꽈리고추볶음, 라따뚜이연어, 두부셰이크 등이었고요. 간식이 당길 때에는 죽염수를 마시며 공복감을 조절했어요. 외식할 때는 고기와 채소 위주로 먹었고 밥은 먹지 않았어요. 죽염수는 하루에 2ℓ 정도 마셨는데 공복감을 없애주는 데는 정말 최고인 것 같아요.

물론 처음 2~3일 동안은 탄수화물을 완전히 끊기가 어려웠어요. 시작하는 날이 마침 외부 모임이었기 때문에, 약간의 탄수화물을 섭취하면서 천천히 조절했어요. 하지만 단백질과 채소를 배불리 먹어도 된다는 점이 안심이 되어서 그런지 큰 어려움 없이 식단을 이어갈 수 있었답니다.

3주가 지나면서부터는 체지방이 확연히 줄어드는 게 보였어요. 그렇게 3개월 동안 꾸준히 식단을 유지하며 8kg을 감량했고, 체지방도 6kg 감소했습니다.

몸이 달라지고, 삶이 바뀌었어요

단순한 체중 감량보다 더 만족스러웠던 건 몸의 변화였어요. 일단 배에서 느껴지는 묵직함이 사라졌어요. 탄수화물을 끊으니 몸이 가벼워지면서 자연스럽게 활동량이 늘어났고요. 특히 주변 사람들로부터 피부가 맑아졌다는 말을 많이 들었답니다.

전에는 밥을 먹고 나면 속이 더부룩하고, 포만감이 즐겁지 않고 불편했어요. 하지만 저탄수 식단을 하면서부터는 식사 후에도 속이 편안하고 가벼운 느낌이 들더라고요. 또한 얼굴 붓기가 사라지고 피부톤이 맑아졌죠. 아침마다 얼굴이 붓던 예전과 달리, 이제는 그런 날이 거의 없어졌어요. 탄수화물을 먹고 자면 몸이 붓는 걸 알고 나니 왜 전에는 항상 얼굴이 부어 있었는지도 이해가 됐어요.

운동도 시작했어요. 사실 저는 평생 운동을 좋아하지 않았어요. 다이어트를 시작할 때도 운동 없이 식단만으로 체지방을 감량하는 것이 목표였고요. 그런데 슬슬 운동을 하고 싶어졌어요. 몸이 가벼워지니 자연스럽게 몸을 움직이고 싶어지더라고요. 그때부터 빠르게 걷기를 꾸준히 하기 시작했죠.

유연하게 식단을 조절하는 법을 알게 되었어요

다이어트 후, 주변 사람들의 반응은 예상보다 더 뜨거웠어요. 정기 모임에서 만난 사람들은 깜짝 놀라며 "무슨 일이야?"라며 소리를 질렀어요. 약국 손님들은 이제 그만 빼라며 걱정스러워할 정도로 제 몸은 확연히 달라졌어요.

명절이나 모임이 많아지는 때에는 탄수화물을 먹는 날이 늘어나는데, 그럴 때는 몸이 무거워지는 느낌이 바로 들어요. 그러면 탄수화물을 많이 줄이고 죽염수를 마시면서 다시 회복하곤 해요. 이제 방법을 아니까 유연하게 조절하는 방법을 자연스럽게 터득하게 되더라고요. 요즘은 하루 한 끼 정도는 밥을 2/3공기 먹어요. 그래도 체중에 변화는 없고요.

처음 저탄수 식단을 시작하는 분들이 가장 걱정하는 건 "탄수화물을 끊을 수 있을까?" 하는 점일 거예요. 저도 처음에는 어려웠지만 몇 주만 지나면 몸이 적응하고 오히려 탄수화물이 필요 없다는 걸 느끼게 돼요. 처음 시작할 때는 엄격하게 지키되, 나중에는 유연하게 조절하며 유지하면 되니 어렵게 생각할 필요 없습니다.

살 빠지는
생활 습관

✕ 감량은 식단으로, 증량은 운동으로

스포츠센터에서 운동하며 주변을 둘러보면 많은 사람들이 체중 감량을 목표로 땀을 뻘뻘 흘리며 고강도 운동에 매진하는 모습을 볼 수 있다. 그러나 체중 감량에 있어 이러한 접근은 역효과를 낳을 수 있다. 왜일까? 우리 몸의 지방 연소 시스템은 우리가 일반적으로 생각하는 것과는 매우 다르게 작동하기 때문이다.

격렬한 운동을 하는데도 살이 잘 빠지지 않는다고 하는 사람들에게 내가 늘 하는 말이 있다. "감량은 식단으로, 증량은 운동으로 하세요." 이 간단한 문장에 담긴 깊은 의미를 이해한다면 많은 시간과 노력을 절약할 수 있을 것이다.

체지방을 하나의 '적금 통장'이라고 생각해보자. 이 통장에서 돈(지방)을 꺼내려면 반드시 '비밀번호'가 필요하다. 여기서 비밀번호는 바로 낮은 혈중 인슐린 농도이다. 아무리 은행 창구 앞에서 울고 불고 사정을 해도 비밀번호 없이 적금을 인출할 수 없는 것처럼, 아무리 격렬하게 운동을 해도 혈중 인슐린 농도를 떨어뜨리는 조건을 만들지 못하면 몸은 절대 체지방을 꺼내 사용하지 않는다.

다이어트는 우리의 의지력과는 전혀 상관이 없다. 단지 방법이 잘못되었을 뿐이다. 체중 감량은 운동보다는 식단이 결정적인 역할을 한다. 그래서 체중 감량을 위해 반드시 헬스장에 가야 한다는 생각은 오해다. 다이어트에서 식단의 역할은 대사탄력성을 높여 지방을 잘 태우는 몸을 만드는 것이지만 운동의 목적은 지방 연소가 아닌 근육 증량을 통한 기초 대사량 상승이다. 실제로 지방 연소의 상당 부분은 격렬한 운동 중이 아닌, 평화로운 수면 시간에 일어난다.

체중 감량이 목적이라면 집에서도 충분히 운동할 수 있다. 간단한 맨몸 운동, 예를 들어 스쿼트, 런지, 플랭크 같은 기본적인 동작들만 꾸준히 해도 효과를 볼 수 있다. 중요한 것은 일상에서 하루 10분, 이틀에 10분이라도 꾸준히 실천하는 것이다. 3주 프로그램 동안에 운동은 딱 이 정도만 해도 충분하다.

이런 가벼운 운동은 다이어트 과정에서 근육을 잃지 않기 위해서 하는 것이다. 체중이 감량되며 근육을 잃으면 나중에 요요가 오기 쉽기 때문이다.

여기서 몇 가지 간단한 밴드 운동을 소개하겠지만 만약 이미 특정 운동을 하고 있다면 그것을 중단하고 이 운동을 할 필요는 없다. 다만, 과도한 운동은 오히려 식욕 증가라는 역효과를 낳을 수 있다는 점을 기억해 두는 것이 좋다. 운동의 강도를 적절히 조절하면서 식단 관리에 더 많은 관심을 기울이는 것이 체지방 감량에는 효과적이다.

🍎 하루 10분 다이어트 밴드 운동

다이어트를 하려면 격렬히 운동해야 한다고 생각하지만 절대 그렇지 않다. 저탄수 식단을 유지하되 운동은 가볍게 해도 된다. 내가 가장 추천하는 운동은 밴드 운동이다. 하루 10분만 해도 되고 별다른 도구 없이 탄성밴드 하나면 충분하다. 밴드만 있으면 언제 어디서든 가능하기 때문에 운동 습관을 만드는 데도 제격이다.

하루 10분이라도 꾸준히 한다면 헬스장에 가지 않아도, 땀에 젖지 않아도 우리 몸은 조금씩 변하기 시작한다. 짧은 운동도 다이어트에 충분한 자극이 되기 때문이다. 운동이 익숙하지 않다면 다음의 쉬운 동작부터 시작해 하루 10분만 해보자. 생각보다 큰 효과를 볼 수 있을 것이다.

1. 밴드의 양 끝을 손으로 잡고 밴드의 중간을 양발로 밟아 고정한다. 발은 어깨 너비로 벌리고 무릎을 살짝 굽힌 상태에서 상체를 숙인다.

2. 엉덩이와 허벅지 뒤쪽에 힘을 주며 몸 전체를 곧게 세운다.

1. 밴드의 중간을 양발로 밟고 밴드 양쪽 끝을 손으로 잡는다. 엉덩이를 뒤로 빼면서 무릎을 굽혀 앉되 무릎은 발끝을 넘지 않도록 유지한다. 손은 어깨 라인 근처에 위치시킨다. 발은 어깨 너비보다 약간 넓게 벌리고 시선은 정면을 향하고 가슴은 편다.

2. 발뒤꿈치로 바닥을 밀어내며 일어난다.

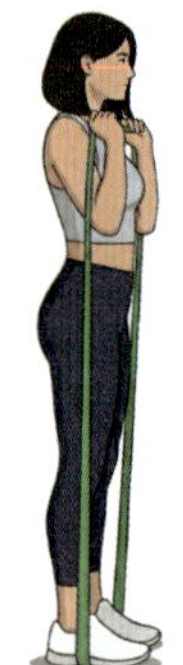

1. 밴드의 윗부분을 높은 위치(예: 문 위, 철봉 등)에 단단히 고정한다. 팔꿈치는 몸통 옆에 붙여 고정하고, 손으로 밴드 끝을 잡는다.

2. 손을 아래로 내리며 팔을 완전히 펴 밴드를 당긴다.

1. 밴드를 양쪽 발목에 걸고 양발을 골반 너비로 벌리고 똑바로 선 자세에서, 두 손은 허리에 위치한다.

2. 한쪽 다리는 무릎을 편 상태에서 엉덩이에서부터 움직이듯 뒤로 천천히 뻗어 들어 올린다.

1. 밴드의 중간을 양발로 밟아 고정하고 발은 어깨 너비 정도로 벌린다. 밴드의 양 끝을 양손으로 잡고 무릎은 살짝 굽힌 채 엉덩이를 뒤로 빼며 상체를 약 45도 정도 앞으로 숙인다. 이때 허리는 곧게 펴고 복부에 힘을 준다. 팔은 바닥을 향해 늘어뜨린 상태에서 시작한다.

2. 팔꿈치를 몸통 옆으로 붙인 상태에서 근육의 힘으로 밴드를 위로 당긴다.

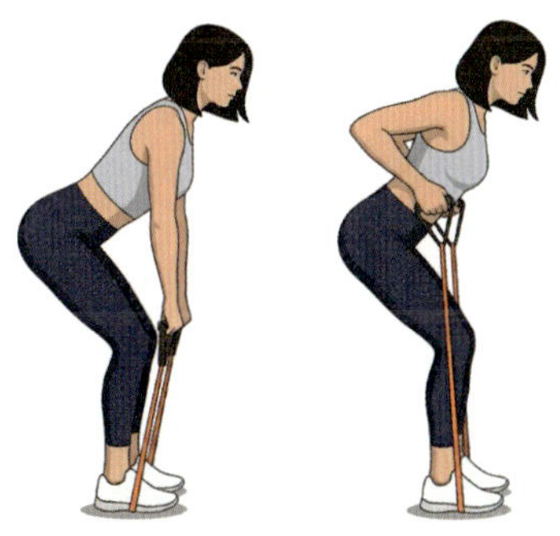

1. 밴드의 중간을 양발로 밟아 고정하고 밴드의 양 끝을 잡은 채 똑바로 선다.

2. 팔을 옆으로 어깨 높이까지 들어올린다.
   TIP 1번 자세로 돌아갈 때 밴드의 긴장이 풀리지 않도록 유지하자.

✕ 수면의 질이 다이어트를 좌우한다

수면은 우리 몸이 회복하고 재생하는 시간이다. 다이어트 프로그램을 진행해 보면 수면이 부족한 사람들은 식단을 아무리 철저히 지켜도 원하는 결과를 얻기 어려운 경우가 많다. 수면 부족이 신진대사를 방해하고 식욕을 증가시켜 결과적으로 다이어트를 어렵게 만들기 때문이다.

우리 몸에는 수많은 호르몬이 서로 긴밀하게 상호작용하며 균형을 이루고 있다. 앞에서 설명한 식욕 조절에 핵심적인 역할을 하는 '포만감의 메신저' 렙틴과 '배고픔의 신호' 그렐린을 기억할 것이다. 충분한 수면을 취하지 못하면 이 두 호르몬의 섬세한 균형이 무너지게 된다. 수면이 부족한 날에는 평소보다 더 자주 배가 고프고 특히 달콤한 간식이나 탄수화물이 많은 음식이 당기기 쉽다. 이는 수면 부족으로 인해 그렐린 호르몬의 분비가 증가하여 나타나는 자연스러운 현상이다. 지속적인 수면 부족은 이러한 호르몬 불균형을 악화시켜, 식단을 잘 관리해도 끊임없는 허기에 시달리게 만든다.

충분한 수면을 취하면 신진대사가 원활해져 체내 에너지 소비가 증가한다. 반대로 수면이 부족하면 신진대사가 느려져 지방이 쉽게 축적된다.

수면 부족이 야기하는 또 다른 문제는 인슐린 저항성이다. 잠을 충분히 자지 못하면 우리 몸은 인슐린에 둔감해진다. 이는 마치 문지기가 졸고 있는 상태와 같다. 혈당이 높아져도 제대로 처리하지 못하고, 결국 그 당분은 지방으로 저장된다.

무엇보다 수면 중에는 성장호르몬이 분비된다. 우리 몸의 재생과 회복을 담당하는 핵심 물질인 성장호르몬은 지방을 분해하고 근육을 회복시키는 역할을 한다. 때문에 잘 자는 것이 체중 감량의 중요한 요소가 된다. 반대로 수면이 부족하면 성장호르몬의 분비가 현저히 줄어들어 결과적으로 지방은 잘 빠지지 않고 근육은 잘 안 생기는 악순환이 시작된다.

또한 수면이 부족하면 스트레스 호르몬이 증가하여 탈수를 유발하고, 이를 보상하기 위해 인슐린 분비가 계속 과다해지는 상황이 반복되면서 인슐린 저항성이 심화되면 지방이 점점 더 쉽게 쌓이는 몸으로 변해간다. 만약 식단 조절을 꾸준히 하고 있음에도 불구하고 다이어트 효과가 미미하다면 자신의 수면 습관을 점검해 보자.

✕ 다이어트를 위협하는 수면 문제 해결하기

다이어트 상담을 하다 보면 의외로 수면 문제 때문에 오랜 상담을 하곤 한다. 불면증의 실체를 정확히 들여다보면 크게 두 가지 패턴이 보인다. 첫 번째는 잠들기 어려운 유형이다. 피곤한데도 침대에 누우면 오히려 정신이 또렷해지는 것이다. 두 번째는 잠은 들지만 그 질이 형편없는 경우다. 자주 깨고, 깊은 잠에 도달하지 못하면 아침이면 피로가 쌓이게 된다.

"오늘도 잠을 못 자면 어떡하지?"라는 생각에 사로잡혀 더욱 잠들지 못하는 불면의 고통은 겪어보지 않은 사람들은 알기 어렵다. 잠을 자야 한다는 강박은 오히려 수면을 방해하는 최대의 적이 되기도 한다. 잠을 자려는 노력이 역설적으로 각성을 유발하는 것이다.

이럴 때는 잠드는 시간을 평소보다 늦게 설정하고, 자려고 노력하기보다는 자기 전에 독서를 하거나, 이완 명상, 심호흡 등을 하면서 자연스러운 졸음이 찾아올 때까지 기다리자. 잠은 쟁취하는 것이 아니라 자연스럽게 찾아오는 것이다.

수면 장애를 극복하는 또 다른 열쇠는 햇빛이다. 우리 몸은 태양의 리듬에 맞춰 진화했다. 아침 햇빛을 받으면 체내 시계가 재설정된다. 실제로 많은 불면 환자들이 낮에 햇빛을 듬뿍 받으며 산책하는 것만으로도 변화를 경험한다. 따라서 최대한 일찍, 오랫동안 바깥 활동을 하자. 집 밖에서 활발하게 움직이며 햇빛을 쬐면 세로토닌 분비가 촉진되는데, 이는 밤이 되면 멜라토닌으로 전환되어 숙면을 돕는다.

전날 잠을 못 잤더라도, 평소의 기상 시간을 지키는 것도 중요하다. 그래야 몸이 자연스럽게 수면 욕구를 쌓아간다. 전날 충분히 자지 못했다고 해서 늦잠을 자거나 더 오랜 시간 침대에 머무르면 수면 리듬이 더 흐트러지고 밤에 다시 잠들기 어려워진다. 특히 낮 동안에는 절대 눕거나 낮잠을 자지 않는 것이 중요하다. 불면증이 있는 사람들은 종종 낮 동안 피곤함을 느껴 잠깐이라도 눕거나 낮잠을 자곤 한다. 하지만 이는 밤에 다시 잠드는 것을 더욱 어렵게 만들 뿐이다. 수면 욕구를 최대한 극대화해야 밤에 빠르게 잠들 수 있다는 것을 잊지 말자.

영양학적 접근도 놓치지 말아야 할 부분이다. 칼슘, 마그네슘, 아연, 철분은 수면의 질과 직접적인 관련이 있다. 그래서 죽염으로 미네랄 균형을 맞추면 수면의 질이 크게 개선되는 경우가 많다. 미네랄의 보고인 해조류와 조개류가 수면에 도움이 되는 이유도 여기에 있다. 조혈 작용을 돕는 미역, 톳 등 해조류는 철분과 마그네슘이 풍부하며, 바지락과 같은 조개류는 철분과 비타민 B12를 함유해 혈액 생성을 촉진한다. 또한 엽록소가 풍부한 녹색 채소는 마그네슘을 공급하여 신경 안정과 신진대사에 도움을 줄 수 있다.

· 조혈 작용을 돕는 해조류, 엽록소가 풍부한 녹색 채소는 수면의 질 개선에 도움을 준다.

불면증 극복은 몸과 마음의 리듬을 되찾는 과정이다. 햇빛, 운동, 영양, 그리고 마음가짐이 모두 어우러져야 한다. 수면의 질이 개선되면 다이어트도, 건강도, 삶의 질도 자연스럽게 따라올 것이다.

✕ 뱃살의 주범, 스트레스 관리하기

앞에서 다루었지만 스트레스가 많을수록 체내에서 분비되는 코르티솔이라는 호르몬이 비만과 직결된다. 코르티솔은 위기 상황에 처했을 때 에너지를 혈액 중으로 과도하게 대기시켜 놓기 때문에 결국 사용되지 못한 에너지는 지방 축적으로 이어진다. 이때는 인슐린저항성으로 인해 간이나 내장에 비정상적인 방법으로 지방을 쌓아두어 주로 복부비만의 원인이 된다. 흔히 스트레스를 받으면 살이 찐다는 말이 과장이 아니라는 뜻이다.

코르티솔이 높아지는 주요 원인 중 하나는 수면 부족이다. 충분한 수면을 취하지 못하면 코르티솔이 지속적으로 분비되면서 신진대사를 교란시켜 지방을 축적하고 몸의 근육까지 분해한다. 우리가 수면 문제를 인지하고 적극적으로 해결해야 하는 이유이다.

평소 스트레스를 해소하는 습관을 만드는 것도 필요하다. 예를 들어 명상, 가벼운 산책, 규칙적인 운동, 취미 활동 등을 통해 긴장을 완화해 보자. 지나치게 높은 목표를 설정하고 스스로를 압박하는 습관도 코르티솔을 증가시키는 원인이 될 수 있다. 스스로에게 여유를 주는 소위 '소확행'의 시간을 확보하는 것도 도움이 될 것이다.

저탄수 다이어트로 당뇨·지방간에서 탈출하고
자가면역질환까지 개선!

건강을 위해 시작한 다이어트, 결국 내 삶을 바꿨어요

저는 약국에서 하루 종일 바쁘게 일하면서도 늘 피로를 안고 살았어요. 오후 3~4시만 되면 에너지가 바닥났고, 스트레스 강도도 높아졌습니다. 몸은 점점 둔해지고, 거울 속 제 모습도 점점 낯설어졌어요.

다이어트를 시작하게 된 결정적인 계기는 건강검진이었어요. 당뇨 전단계 진단을 받았고, 지방간까지 발견되어 체중 감량이 시급한

이미경(약사)
- **몸무게:** 58.6kg → 52kg (6.6kg 감량)
- **체지방:** 21.5kg → 14.8kg (36.7→28.1%)
- **근육량:** 19.6kg → 20kg
- **건강 증진 효과:** 자가면역질환 개선, 섬유근육통증후군 완화, 피로감 사라짐, 피부톤 맑아짐

상황이었지요. 그러던 중 더퍼플다이어트를 알게 되었고, 식단만으로도 살도 빠지고 건강을 되찾을 수 있다는 이야기에 마음이 끌렸습니다. 처음에는 체중에 대한 욕심 없이 건강을 회복하는 것이 목표였어요. 그런데 결과는 기대 이상이었습니다. 체중 감량과 건강 개선이 동시에 이루어지는 경험을 하게 된 것이지요.

체지방 6.7kg 감량, 체력과 컨디션은 UP!

초반 4개월 동안은 운동을 하지 않았는데도 체지방이 눈에 띄게 줄어드는 경험을 했어요. 탄수화물을 줄이고 단백질과 건강한 지방을 충분히 섭취하면서, 자연스럽게

몸이 변화하는 것이 느껴졌습니다.

2024년 9월부터는 가벼운 운동도 병행하기 시작했어요. 집에서 하는 하루 20~25분 정도의 간단한 운동이었지만, 이미 체중이 줄어든 상태에서 운동을 시작하니 몸의 라인을 다듬는 데 큰 도움이 되었습니다.

제 하루 식단은 꽤 단순했습니다. 아침에는 따뜻한 물과 죽염수로 시작하고, 점심에는 북엇국, 버섯·채소 샤브샤브, 두부 완탕 등으로 든든하게 먹었어요. 저녁은 미역국이나 과일당 정도로 가볍게 마무리했습니다.

탄수화물은 하루 1/3공기(약 30g) 정도의 밥을 섭취하며 유연하게 조절하고 있어요. 흰쌀밥은 아니고 우엉, 버섯을 넣은 강황밥이에요. 즐겨 먹던 빵이나 떡은 완전히 끊었고요.

저는 육식을 그렇게 좋아하지 않아요. 저탄수 식단이 탄수화물을 줄이며 지방이나 단백질을 충분히 먹는 식단이지만 꼭 고기를 많이 안 먹어도 방법은 많거든요. 스스로 지치지 않도록 올리브오일이나 콜라겐 육수 등을 활용해 저에게 맞는 요리들을

만들어 먹었어요. 특히 북엇국과 콜라겐 육수, 소고기와 새우살을 넣은 두부 완탕은 맛있게 단백질을 보충할 수 있는 요리였죠. 버섯과 채소로 만든 샤브샤브는 국물까지 건강하게 즐길 수 있는 저탄수 요리였고, 두부 셰이크는 포만감과 영양소를 동시에 챙길 수 있어서 자주 활용했어요.

전에는 아침마다 믹스커피와 빵, 떡을 먹고 점심은 외식을 했어요. 당연히 자극적인 음식이었죠. 일을 마치고 집에 가서 늦은 저녁을 먹었고요. 저탄수 식단을 시작한 후로는 약국에서 점심 한 끼를 해

먹었어요. 무심하게 채소를 툭툭 넣어서 만드는 건강 요리라 쉽게 할 수 있어서 참 좋았죠.

죽염수도 매일 열심히 마셨는데 초반 며칠은 힘들었어요. 전에는 평소 국물을 거의 먹지 않았고 저염 식단을 유지했기 때문이었죠. 하지만 차츰 적응하면서 나중엔 죽염수가 없으면 공복 시간을 버티기가 더 어려워졌어요. 탄수화물을 줄이면서 인슐린 저항성이 개선되는 과정에서 죽염수가 큰 도움이 되었답니다. 커피도 완전히 끊게 되었고요.

지금은 충분한 만족감을 느끼는 건강한 식습관이 자리 잡았습니다. 내 몸에 진정으로 필요한 영양소를 공급하는 방식으로 식습관이 변화한 것이 이렇게 큰 변화를 가져올 줄은 저도 정말 몰랐어요.

건강이 회복되니, 신체적 변화는 덤이었어요

다이어트를 시작한 뒤 가장 큰 변화는 건강의 회복이었습니다. 무엇보다 등에 칼로 찌르는 듯한 통증이 있었는데, 식단을 바꾸면서 사라졌어요. 섬유근육통증후군으로 인한 통증이었는데 그 고통에서 해방되니 살 것 같았죠.

신체 에너지도 완전히 달라졌어요. 과거에는 오후 3~4시만 되면 피로감에 시달렸는데, 지금은 하루 종일 에너지가 고르게 유지됩니다. 스트레스를 받는 상황에서도 예전처럼 압도되지 않고 감정적으로도 훨씬 안정된 상태를 유지할 수 있게 되었어요. 체력이 좋아지면서 정신력도 함께 강해진 것을 느낍니다.

외적인 변화도 놀라웠습니다. 거울을 볼 때마다 '피곤해 보인다.', '왜 이렇게 힘이 없어 보이지?'라고 생각했던 예전과 달리, 이제는 어깨가 펴지고 옷을 입으면 맵시가 살아나는 제 모습에 자존감이 크게 올라갔어요. '나도 여자였지.'라는 생각이 자연스럽게 들더라고요.

주변 사람들의 반응도 확연히 달라졌어요. 약국에 오시는 노인분들이 "약사 바뀌었어요?"라고 물을 정도로 저를 알아보지 못하셨고, 중학생 손님들도 "약사님 달라졌어요! 예뻐졌어요!"라고 말해주었답니다. 대학 동기들은 "다이어트하면 원래 주름이 생기는데, 넌 없네?"라며 놀라워했지요.

처음에는 탄수화물을 줄이면 피부가 푸석해질까 걱정했지만, 오히려 반대였습니다. 수분을 충분히 보충한 덕분에 피부가 더 탱탱하고 맑아졌어요. 건강한 식습관이 내면부터 바꿔놓으니, 외적인 것은 자연스럽게 따라오더군요.

건강한 삶의 방식을 찾다

가장 값진 것은 긍정적인 에너지가 넘치고 삶의 만족도가 높아진 것이었어요. 이 과정에서 가장 큰 깨달음은 이 식단이 지속할 수 있는 건강한 습관이 되었다는 점입니다.

이전에는 다이어트를 항상 단기적인 목표로만 생각했어요. 잠시 체중을 줄이고 나면 다시 예전의 식습관으로 돌아가는 패턴의 반복이었죠. 하지만 저탄수 식단을 3주 정도 제대로 실천하니 몸이 확연히 변화하는 것을 경험할 수 있었고, 그 변화를 느끼면서 계속 이어나가고 싶은 동기가 생겼어요. 그래서 지금까지 지속할 수 있었던 것 같아요.

PART 2

3주 다이어트 로드맵

Basic Guide

✕ 매일 쓰는 다이어트 일지, 선택이 아니라 필수다

다이어트를 시작할 때 가장 먼저 해야 할 일은 목표를 세우는 것이다. 하지만 단순히 체중을 줄이겠다는 목표만으로는 성공하기 어렵다. 목표를 이루기 위해서는 매일의 변화를 기록하고 이를 분석하는 과정이 필요하다. 그래서 다이어트 일지는 선택이 아니라 필수이다. 변화는 기록에서 시작된다는 것을 잊지 말자.

1. 근육량과 체지방 변화 추적

다이어트 일지에 체중뿐만 아니라 체지방률, 근육량 등의 변화를 함께 기록하면 단순한 체중 증감이 아닌 몸의 실제 변화를 보다 정확하게 파악할 수 있다.

2. 식단 파악

첫 주에는 식사 시간은 16시간 공복을 유지하는 것을 목표로 하자. 하루 2식을 하면 충분히 16시간 공복을 유지할 수 있다. 하루 탄수화물 섭취량을 30g 이하로 유지하고 지방과 단백질을 충분히 먹기 위해서는 매일의 식단을 기록하고 분석해야 한다.

3. 운동 패턴 체크

운동은 가볍게 하루나 이틀에 한 번, 10분 정도만 해도 된다. 운동 강도와 시간을 매일 기록하면 자신에게 맞는 운동 패턴을 찾고 꾸준히 실천하는 데 도움이 된다.

4. 수면과 컨디션 관리

수면은 다이어트와 밀접한 관계가 있다. 충분한 수면을 취하지 못하면 식욕을 조절하는 호르몬이 불균형해지고, 결국 폭식으로 이어질 가능성이 높아진다. 매일 수면 시간과 질을 기록하면 생활 패턴을 개선하는 데 도움이 된다.

5. 습관 체크리스트 활용

죽염수를 하루 2ℓ 마셨는지 꼭 체크하고 이 밖에도 설탕 섭취 여부, 단백질 섭취량 등을 체크리스트로 정리하면 대사탄력성을 보다 효과적으로 높일 수 있다.

6. 총평

매일 자신의 기록을 되돌아보며 개선해야 할 부분을 분석한다. 목표에 얼마나 가까워졌는지 점검하는 것도 중요하다.

다이어트 일지

날짜 ________년 ______월 ______일

✕ **체중** ________kg ✕ **근육량** ________kg ✕ **체지방** ________kg(또는 %)

잠든 시간	일어난 시간	총 수면 시간	수면의 질 만족도
:	:		① ② ③ ④ ⑤
운동 내용	**운동 시간**	**운동 강도**	**운동 만족도**
		① ② ③ ④ ⑤	① ② ③ ④ ⑤

식단		
식사 시간		**먹은 것**
첫 번째 식사 시간	:	
두 번째 식사 시간	:	
단식 시간	: ~ : (_____시간_____분)	

다이어트 습관 체크리스트			
죽염물을 2ℓ 마셨다. (5g/1ℓ)	O X	채소를 충분하게 섭취했다.	O X
설탕, 밀가루 과당을 먹지 않았다.	O X	잠자기 5시간 전에 음식을 먹지 않았다.	O X
가공식품을 먹지 않았다.	O X	배달음식이나 외식을 하지 않았다.	O X
커피와 술을 먹지 않았다.	O X	튀김류 등 나쁜 기름을 사용한 음식을 먹지 않았다.	O X

오늘의 잘한 일과 내일의 각오

✗ 매일 아침엔 인바디 측정 - 내 몸은 속일 수 없다

많이들 체질량지수(BMI)를 비만도 평가 지표로 활용하지만, 체지방률이나 복부비만 여부를 반영하지 못하는 BMI는 과감히 잊도록 하자. 체중 또한 잊어도 좋다. 지금부터는 인바디를 통해 근육량과 체지방을 매일 측정해 지방은 빠지고 근육은 지키는 다이어트를 해야 한다.

우리는 매일 다양한 음식을 섭취한다. 어떤 날은 정확히 식단을 유지하려 노력하고, 또 어떤 날은 대충 넘어가기도 한다. 하지만 내가 먹은 음식이 내 몸에 어떤 영향을 미치는지는 쉽게 파악하기 어렵다. 이때 중요한 역할을 하는 것이 바로 '인바디(InBody) 측정'이다. 인바디 측정은 우리 몸의 체지방, 근육량, 수분 함량 등을 종합적으로 분석해 지금의 상태를 객관적으로 파악할 수 있는 방법이다.

매일 인바디를 측정하면 우리가 '괜찮겠지'라고 생각했던 음식이 실제로 우리 몸에 어떤 영향을 주었는지 명확하게 확인할 수 있다. 예를 들어, 설탕을 직접 먹지는 않았더라도 음료나 가공식품을 통해 은밀하게 섭취했다면, 인바디 결과는 이를 정확히 반영한다. 지방 수치가 올라가는 등의 변화가 나타날 수밖에 없다. 설탕을 직접 먹지 않았기 때문에 이를 인식하지 못할 수도 있지만 결국 내 눈을 속일 수 있을지언정, 인바디는 속일 수 없다.

식단을 잘 지켰는데 이상하게 체지방이 올라갔다고 하는 프로그램 참여자들의 다이어트 일지를 분석하다 보면, 그 범인을 여지없이 식단에서 발견하곤 한다. 범인은 외식일 수도 있고, 소스일 수도 있으며, 특정 반찬일 수도 있다. 이렇게 정확히 어떤 점을 개선해야 하는지 알 수 있어서 인바디 인증과 식단 일지가 굉장히 중요하다.

인바디 체중계는 다양한 종류가 있는데 고가의 전문가용을 살 필요는 없고, 일반 가정용을 구입하면 된다. 중요한 것은 측정하는 방법이다. 다음은 정확한 인바디 측정을 위한 방법이다.

인바디 측정 방법

- 시간대에 따라 결과가 달라질 수 있으므로 매일 같은 시간대에 측정하자. 아침 공복에 물 한 잔 마시고 화장실을 다녀온 후 집안을 한 바퀴 돈 다음에 재는 것을 추천한다.
- 인바디 체중계마다 측정값이 다를 수 있기 때문에 매일 같은 인바디 체중계로 측정하자. 스포츠센터에서 측정하면 또 다를 수 있으니 기준은 하나로 정하는 게 좋다.
- 인바디 체중계를 한 자리에 놓고 측정하는 게 좋다. 주변의 전자 기기가 영향을 줄 수 있기 때문이다.
- 측정 전 화장실을 다녀와 체내 수분 균형을 맞춘다.

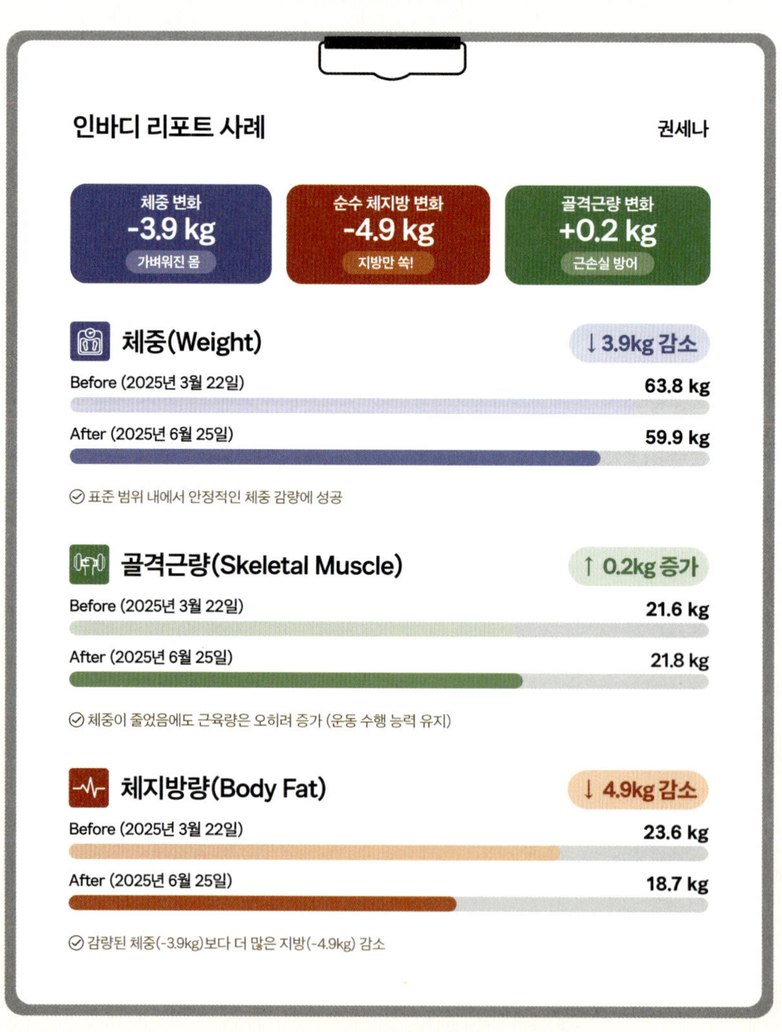

더퍼플다이어트 프로그램을 3개월간 진행한 권세나 참가자의 인바디 분석 결과이다. 체중은 줄었지만 근육량은 거의 변화가 없었고 체지방만 효과적으로 감량되었다. 지방만 줄고 근육은 보존된 다이어트였다는 점에서 매우 성공적인 결과다. 이렇게 대사탄력성을 높이는 다이어트를 하면 몸무게 감소를 넘어 건강한 체형과 신진대사 증가라는 이점을 얻을 수 있다.

많은 사람이 체중 감량을 목표로 다이어트를 시작하지만, 체중이라는 숫자에만 집착하다 보면 중요한 것을 놓치게 된다. 바로 근육량의 유지이다. 단순히 몸무게를 줄이는 것이 아니라 체지방을 감량하면서 근육을 지키는 것이 성공적인 다이어트이다.

이렇게 근육을 유지하며 다이어트하면 기초대사량이 유지되어 쉽게 살이 찌지 않으며 지방만 줄고 근육이 남아 자연스러운 몸매 라인을 만들 수 있다. 즉, 탄탄한 몸매를 만들 수 있는 것이다. 또한 에너지 소비량이 증가해 더 건강한 체질을 만들 수 있다. 피로감 없이 활력 있게 다이어트를 할 수 있다는 점도 큰 장점이다.

✕ 외식할 때의 요령

다이어트를 할 때 가장 좋은 방법은 집에서 직접 요리한 음식을 섭취하는 것이다. 하지만 직장 생활을 하거나 사회생활을 하다 보면 외식을 피하기란 쉽지 않다. 특히 저탄수화물 식단을 실천하는 사람들에게 외식은 큰 고민거리일 수밖에 없다. 대부분의 식당 음식은 탄수화물이 많거나, 당분과 첨가물이 들어간 양념을 사용하기 때문이다. 그렇다면 저탄수화물 식단을 유지하면서도 건강하게 외식할 수 있는 방법은 무엇일까?

한식을 먹을 때는 반찬과 양념에 주의가 필요하다. 대부분의 한식 반찬에는 설탕이 들어가므로 달콤한 맛이 나는 반찬류는 피하는 것이 좋다. 순댓국, 갈비탕, 곰탕, 설렁탕 같은 국물 요리는 비교적 안전한 선택이다. 다만, 국밥을 먹을 때는 밥을 빼고 고기와 국물 위주로 섭취하는 것이 좋다. 순댓국의 경우, 순대에는 전분이 많이 포함되어 있으므로 적게 먹는 것이 바람직하다. 주문할 때 순대를 적게 주문하는 것도 방법이다. 또한 국물에 들어가는 소면이나 당면도 피하는 것이 좋다.

국밥집에서 제공하는 쌈장도 설탕이 포함되어 있으므로 되도록 피하자. 수육이나 보쌈도 괜찮은 선택이지만, 보쌈김치는 달콤한 양념이 들어가 있으므로 새우젓만 곁들여 먹는 것이 안전하다.

생선은 저탄수화물 식단에서 중요한 단백질 공급원이다. 회를 먹을 경우, 연어, 방어, 광어, 우럭 등 제철 생선은 모두 좋은 선택이다. 그러나 초장은 당분이 포함되어 있으므로 간장과 고추냉이를 곁들여 먹는 것이 좋다. 생선구이를 먹을 때는 고등어, 삼치, 갈치, 꽁치, 장어 등이 추천되며, 기름이 많은 생선은 오히려 몸에 좋은 지방을 공급해 준다.

양념이 들어간 불고기나 갈비는 피하는 것이 좋으며 되도록 고기류는 수육이나 찜 또는 탕을 선택하는 것이 좋다. 또한 탄수화물 함량이 높은 쌈장 대신 죽염과 후추 또는 기름장에 찍어 먹는 것이 바람직하다.

샤브샤브도 좋은 선택이 될 수 있다. 채소와 고기를 함께 먹을 수 있어 영양 균형을 맞추기 좋으며, 소스만 잘 선택하면 문제없다. 샤브샤브를 먹을 때는 달달한 소스보다는 간장과 고추냉이를 곁들이는 것이 좋다. 국물에도 양념이 많이 들어가지 않도록 조절해야 한다.

닭가슴살이나 연어, 소고기 등을 넣은 샐러드도 선택할 수 있는데 드레싱에 많은 당분이 포함되어 있는 경우가 많으므로 주의가 필요하다. 올리브오일, 식초, 소금 정도만 뿌려 먹는 것이 가장 바람직하다. 견과류나 아보카도를 추가하면 건강한 지방 섭취에도 도움이 된다.

카페를 방문할 때는 커피보다는 허브티나 녹차를 선택하는 것이 안전하다. 시럽이 포함된 음료는 피해야 하며, 과일맛 차에도 당분이 포함될 수 있으므로 주문 전 확인이 필요하다. 탄산수를 마시는 것도 좋은 대안이 될 수 있다.

튀김류, 전분이 많은 음식, 빵, 면, 밥을 제외하는 것은 기본이다. 술 역시 삼가는 것이 좋다. 이렇듯 저탄수화물 식단을 유지하면서도 외식을 하는 것은 충분히 가능하다. 세심하게 양념, 조리법을 신경 쓰는 것이 처음엔 불편할 수 있지만 익숙해지면 저절로 피해야 할 음식과 외식 요령을 자연스럽게 익히게 될 것이다.

× 요리 장보기 요령

저탄수 다이어트 요리를 하려면 올바른 식재료를 선택하는 것이 중요하다. 일단 설탕, 밀가루가 들어간 재료, 과일, 단 음료, 그리고 산패 가능성이 높은 식물성 유지가공 식용유(포도씨유, 카놀라유, 콩기름 등)를 장바구니에 담는 일은 없도록 하자. 대신 양질의 육류와 다양한 제철 채소, 그리고 좋은 유지류를 충분히 섭취할 수 있도록 장을 보는 것이 핵심이다. 또한 양념을 고를 때도 식재료의 성분표를 확인하는 습관을 들이도록 하자. 가급적 성분이 단순한 것이 좋다. 가공식품, 인스턴트 식품, 간편식, 조미료나 합성 감미료가 포함된 제품은 피하자.

유지류

유지류는 버터와 저온 압착 엑스트라버진 올리브오일 정도면 충분하다. 버터를 구입할 때는 반드시 성분표를 확인하자. 우유 혹은 유지방만으로 만든 천연 버터를 선택하는 것이 좋다. 식물성 기름, 향료, 색소, 보존제가 포함된 제품은 피해야 한다.

특히 기(Ghee) 버터는 보관성이 뛰어나고 수분과 유당, 단백질이 제거된 순수한 지방으로 유제품 알레르기가 있는 사람도 부담 없이 섭취할 수 있다. 또한 가열 시 쉽게 타지 않아 요리 시 활용도가 높다.

올리브오일은 식물성 유지류 중에서도 산패 위험이 적은 건강한 오일이다. 단, 헥산

추출 방식이 아닌 냉압착 방식(Extra Virgin)으로 착유된 제품을 선택하는 것이 중요하다. 튀김 요리에는 적합하지 않으며 가볍게 굽거나 볶는 요리에 사용할 수 있다. 산패에 강하고 발연점이 높은 냉압착 아보카도오일을 활용하는 것도 좋다.

들기름은 참기름보다 산패가 빠른 기름이므로 보관과 착유 방식에 신경 써야 한다. '생들기름'이라는 표기가 있는 저온 혹은 냉압착 제품을 선택하자. 연한 노란빛을 띠며 첨가물이 없는 들깨 100% 제품을 고르는 것이 좋으며 구입 후에는 냉장 보관하고 가급적 빠르게 소비하는 것이 좋다.

양념류

짠맛을 내는 양념은 죽염, 죽염간장, 죽염된장이면 충분하다. 이외의 제품을 고를 때는 첨가물 여부를 꼭 확인하자.

대체 감미료는 단맛에 길들여진 입맛을 바로잡는 데 방해가 될 수 있으므로 상황에 맞춰 적절히 선택하자. 대체 감미료로는 알룰로스, 에리스리톨, 스테비아 등 여러 가지가 있지만 이 책의 레시피에서는 알룰로스를 주로 사용하였다. 알룰로스는 설탕과 가장 유사한 맛을 가지고 있으며 요리에 사용하기 편리하지만, 과량 섭취 시 복통을 유발할 수 있으므로 주의해야 한다. 식초는 천연 발효식초를 쓰는 것이 좋다.

채소와 과일

다양한 제철 채소는 장바구니에 가득 담도록 하자. 시금치, 케일, 상추, 청경채 등의 잎채소나 브로콜리, 콜리플라워, 양배추 등 십자화과 채소, 아스파라거스, 버섯, 가지, 오이, 파프리카 등 다양할수록 좋다. 단, 전분 함량이 높은 감자, 고구마,

옥수수는 제한하자. 과일은 탄수화물 함량이 적은 블루베리, 딸기, 아보카도, 레몬, 자몽 정도가 가능하다.

탄수화물 대체 식재료

저탄수화물 식단을 하다 보면 쌀이나 밀가루 면이 그리울 때가 있다. 하지만 최근에는 곤약, 두부 등을 활용한 다양한 대체 식재료가 등장하면서 이런 욕구를 어느 정도 해소할 수 있게 되었다. 탄수화물을 줄이면서도 만족스러운 식사를 할 수 있도록 도와주는 밥·면 대체 식재료로는 밥 대용으로 활용 가능한 곤약쌀, 다양한 면 요리에 활용할 수 있는 곤약면과 두부면이 있다.

곤약쌀은 곤약을 쌀알 모양으로 성형한 식재료로, 일반 쌀과 혼합해 조리하거나 단독으로 사용할 수 있다. 탄수화물이 거의 없으며 정제수, 곤약분, 수산화칼슘만 포함된 습식 포장 제품을 선택하면 된다. 곤약 특유의 쫄깃한 식감 덕분에 밥을 먹는 듯한 기분을 즐길 수 있으며, 물에 헹군 후 살짝 데쳐서 사용하면 특유의 냄새를 줄일 수 있다.

최근 저탄수화물 식단의 인기가 높아지면서 곤약면도 더욱 다양한 형태로 출시되고 있다. 기본적인 실곤약부터 페투치니 스타일의 넓은 곤약면까지 여러 가지 형태가 있어 원하는 요리에 맞게 선택할 수 있다. 곤약면은 일반 밀가루 면보다 탄력이 있으며, 식이섬유가 풍부해 포만감을 유지하는 데 도움이 된다. 국물 요리부터 볶음면까지 활용 범위도 높다.

두부면은 두부를 얇게 눌러 면처럼 성형한 식재료로 일반 밀가루 면보다 부드러운 식감을 가지고 있다. 곤약면과 비교했을 때 양념이 잘 배어들고 퍼지는 특성이 있어 국물 요리나 소스가 있는 요리에 더욱 적합하다. 두부의 영양소를 그대로 섭취할 수 있으며 단백질 함량이 높아 포만감을 유지하는 데 도움이 된다.

준비단계
탄수화물 중독에서 벗어나기

✕ 워밍업 단계, 무엇을 어떻게 먹을까?

모든 변화에는 과정이 있게 마련이다. 몸이 새로운 에너지원인 지방을 효율적으로 사용하는 상태로 전환되기까지는 적응 시간이 필요하다. 1주차는 이러한 적응 단계를 거치는 준비 과정으로 기존의 식습관에서 탄수화물 섭취를 줄이고 단백질과 지방의 비율을 높여 궁극적으로 몸이 지방을 주 에너지원으로 쓰는 상태로 진입하는 데 집중하는 기간이다. 이 시기에는 체중 감량이나 체지방 감소를 기대하기보다는 몸이 지방을 주요 에너지원으로 사용하는 방향으로 전환하도록 돕는 데 목적을 두자.

1주차의 가장 중요한 목표는 탄수화물에 대한 의존에서 벗어나는 것이다. 처음에는 약간의 피로감이나 배고픔을 느낄 수도 있지만 이는 몸이 새로운 대사 방식에 적응하는 과정에서 나타나는 자연스러운 현상이다. 일주일이 지나면 점점 몸이 가벼워지고 포만감도 오래 지속되는 것을 경험하게 될 것이다.

이 단계에서 중요한 것은 탄수화물을 줄이고 지방과 단백질을 늘리는 식단 관리와 시간제한 식사를 병행하는 것이다. 이를 통해 몸이 지방을 주요 연료로 사용할 준비를 마치면, 2주차부터는 더욱 안정적으로 지방을 연소할 수 있을 것이다. 이 과정은 몸의 대사 방식을 변화시키는 과정이므로 일주일 동안 인내심을 가지고 차근차근 적응해

나가는 것이 필요하다.

✕ 무엇을 먹고, 무엇을 먹지 않을 것인가?

1주차에는 탄수화물 섭취량을 하루 30g 이하로 제한하는 데 주력해야 한다. 현미밥 한 공기도 안 되는 양이다. 탄수화물을 줄여 먹기 위해서 꼭 금지해야 할 식품은 설탕 및 과당이 포함된 음식(가공식품, 청량음료, 과자, 아이스크림 등)과 밀가루 기반 음식(빵, 면, 떡 등), 흰쌀밥 등이다.

3주 프로그램 동안에는 밥을 포함한 모든 곡물을 제한하는 것이 좋다. 현미나 잡곡밥은 정제탄수화물도 아니고 건강에 도움이 되는 부분도 많지만, 대사탄력성을 높이는 과정에서 이러한 탄수화물도 일시적으로 제한하는 것이 필요하다. 대신 채소를 통해 탄수화물과 섬유질을 공급하도록 하자. 그러나 갑자기 밥을 안 먹는 게 힘들다면 첫 주에는 하루 1/2공기 정도는 먹어도 된다.

나의 경우 처음 100일간은 거의 밥을 먹지 않았다. 며칠 안 먹으니 적응이 되었고 지금은 조금씩 밥을 먹고 있지만 체중이 늘어나지 않고 있다.

1주차에는 조개, 오징어 등 해산물을 주로 활용하여 단백질을 충분히 공급하는 데 주력하자. 이후 2주차에는 돼지고기, 소고기를 적극적으로 활용하여 지방을 늘려가겠지만, 지금은 정들었던 탄수화물과 멀어지는 연습을 하고 단백질을 충분히 먹는 데 집중하는 것이 좋다. 동시에 채소를 충분히 곁들여 먹는 연습도 필요하다.

✕ 시간 제한 식사법

1주차부터 시간 제한 식사를 할 것이다. 식사 시간 제한 방식은 하루 총 식사 시간을 6~8시간 이내로 제한하고, 16~18시간의 공복을 유지하는 방식이다. 예를 들어, 오전 10시에 첫 끼를 먹고 오후 6시 이전에 마지막 식사를 마치는 것이다. 공복 시간에 간식을 먹는 것은 안 되며 죽염수, 물, 허브차, 미역국이나 황태국 등의 국물(건더기 제외) 등은 섭취가 가능하다. 초반에 적응이 어렵다면 천연 버터도 먹을 수 있다. 또한 가급적 취침 전 5시간은 공복을 유지할 수 있도록 일정을 조절하는 것이 좋다. 여기서 중요한 것은 식사 시간에는 충분히 배부르게 식사를 하는 것이다. 하루 동안 쓸 영양소를 충분히 섭취하여야 공복 시간에 지방을 효과적으로 꺼내 쓸 수 있다.

이러한 시간 제한 식사는 몸이 지방을 연료로 전환하는 속도를 높여 준다. 처음에는 16~18시간 공복이 어려울 수 있지만, 지방 대사가 활성화되면 점점 적은 양의 음식으로도 만족감을 느낄 수 있을 것이다. 시간제한 식사법에 익숙해지면 2주차 이후에는 24시간 단식도 가능해진다.

첫 주부터 하루 한 끼 식사를 할 수도 있으며 이는 본인의 생활 리듬에 맞추어 선택하면 된다.

✕ 첫째 주 다이어트 식단 예시

탄수화물을 제한하는 상태에서 양질의 영양을 공급하는 것이 식단의 핵심이다. 초기에는 무리한 탄수화물 제한보다는 다채로운 저탄수 메뉴들을 경험해 보자. 무엇보다 충분한 시간 동안 양질의 고단백 식사를 즐겁게 하는 것이 중요하다는 점을 잊지 말자.

	1일	2일	3일	4일	5일	6일	7일
1식	시금치 모시조개 된장국, 템페 콜리 플라워볶음밥	바지락 마늘찜, 버섯묵	갑오징어 미나리찜, 오이들깨 탕탕이	아귀수육	템페 콜리 플라워 볶음밥, 오이 토마토 국물 소박이	바지락 마늘찜, 버섯묵	곤약면 분짜
2식	양배추피자	오트밀 크림리조또	두부셰이크	곤약면 분짜	두부셰이크	채소 아코디언	갑오징어 미나리찜

✕ 저탄수화물 식단을 할 때 겪을 수 있는 증상

저탄수화물 식단을 시작하면 두통, 어지러움, 가슴 두근거림, 근육 경련, 불면증 등의 증상을 경험하는 경우가 있다. 이는 흔히 '케토 플루(Keto Flu)'라고 불리는 증상으로, 몸이 탄수화물 대신 지방을 에너지원으로 사용하도록 전환되는 과정에서 발생한다.

하지만 이런 증상은 대부분 죽염수를 충분히 마시면 해결할 수 있다. 충분한 수분 섭취와 전해질을 보충해 주기 때문이다. 저탄수화물 식단을 하면 체내에서 저장되는 글리코겐이 줄어들면서 수분 배출이 증가하는데, 이로 인해 탈수가 쉽게 발생할 수 있다. 따라서 하루에 최소 2ℓ 이상의 죽염수를 마시는 것이 좋다. 또한 저탄수화물 식단을 하면 자연스럽게 인슐린 수치가 낮아지고 이로 인해 신장이 나트륨을 더 많이 배출하게 되므로 소금을 충분히 먹어야 한다. 미네랄이 풍부한 음식을 섭취하는 것도 중요한데, 이 모든 것을 해결할 수 있는 것이 죽염수이다.

만약에 이런 증상이 나타난다면 점진적으로 탄수화물을 줄이며 신체가 서서히 적응하도록 돕는 것도 하나의 방법이다.

시금치 모시조개 된장국

시금치와 모시조개, 된장으로 만들어 영양은 물론, 속까지 편안해지는 국이다. 시금치는 철분과
칼슘이 풍부해 부족해지기 쉬운 미네랄을 채워주고, 모시조개는 저열량·고단백 식품이라 단백질
보충에 도움이 된다. 채수를 우려내 담백함을 살리고, 된장으로 감칠맛을 더해 자극적이지 않으면서도
깊은 풍미를 느낄 수 있다. 밥 없이 국만으로도 포만감이 꽤 있어 든든하게 한 끼를 책임진다. 특히
아침 공복에 먹으면 위를 부드럽게 깨워줘 하루를 건강하게 시작할 수 있다.

기본 재료

- 모시조개 7~10개
- 시금치 1단
- 죽염된장 2큰술
- 고춧가루 1작은술
- 다진 마늘 1작은술
- 죽염 약간
- 굵은소금(해감 및 세척용) 적당량

채수 재료

- 말린 표고 적당량
- 다시마 약간
- 채소 자투리 적당량

만드는 법

1. 모시조개는 해감한 뒤 굵은소금으로 박박 문질러 세척한다.

2. 말린 표고버섯, 다시마, 채소 자투리 등을 물에 넣고 끓여 채수를 1ℓ 이상 미리 준비한다.

3. 시금치는 꼭지 부위를 손질하여 씻는다.

4. 냄비에 물을 조금 붓고 끓으면 시금치를 넣었다가 빼서 수산을 제거한다.

5. 채수 1ℓ를 냄비에 붓고 된장을 푼 다음 고춧가루와 모시조개를 넣고 한소끔 끓인다.

6. 데친 시금치와 다진 마늘을 넣고 죽염으로 간을 한 뒤에 한소끔 더 끓여 마무리한다.

바지락 마늘찜

바지락 마늘찜은 버터나 올리브오일에 마늘과 페페론치노를 볶아 향을 끌어올린 뒤 바지락을 간단히 익히는 방식이라 만들기는 쉽지만 맛은 깊다. 바지락의 감칠맛과 마늘의 구수한 풍미, 매콤한 페페론치노가 어우러져 자극적이지 않으면서도 입에 착 붙는다. 탄수화물은 거의 없지만 단백질과 미네랄이 풍부해 부족해지기 쉬운 영양을 채워주기에도 딱이다. 면역력 강화에 도움을 주는 아연과 셀레늄이 풍부해 건강식으로도 좋고 '맛있는 위로'가 필요할 때도 추천한다.

기본 재료

- 바지락 500g
- 천일염 1+½큰술(바지락 해감용)
- 버터(또는 올리브오일) 10g
  TIP 버터는 이즈니버터 같은 천연버터를 사용한다.
- 통마늘 6쪽
- 페페론치노 6개
- 화이트와인 50㎖
- 대파 ½대
- 통후추 약간

만드는 법

1. 물 1ℓ에 해감용 천일염 1+½큰술을 녹이고 천이나 뚜껑을 덮어 1시간 정도 해감한다.
   TIP 검은 천이나 검은 봉지로 빛을 차단하면 더 효과적으로 해감할 수 있다.

2. 해감한 바지락을 깨끗한 물에 2~3번 헹구고 체에 밭쳐 물기를 뺀다.

3. 통마늘은 도톰하게 썰고, 페페론치노는 부수고 대파는 잘게 다진다.

4. 팬에 버터를 녹이고 페페론치노, 마늘을 넣어 볶는다.

5. 바지락을 넣고 화이트와인 50㎖를 붓는다.

6. 뚜껑을 잠시 닫고 바지락을 잘 익힌다.

7. 바지락이 입을 열면 통후추를 갈아 넣고 다진 대파를 넣어 마무리한다.

갑오징어 미나리찜

미나리의 향긋함과 갑오징어의 담백한 맛을 한 번에 즐길 수 있는 요리다. 미나리와 콩나물 위에 통으로 올린 갑오징어가 양념장을 입고 부드럽게 익어 입맛을 확 끌어올린다. 고춧가루와 죽염간장으로 간을 맞추어 맵지 않으면서도 개운하고 감칠맛이 살아 있어 자극 없이 즐기기 좋다. 갑오징어는 단백질 함량이 높고 지방은 거의 없어 포만감 있게 먹고도 부담이 없다. 여기에 미나리의 해독 작용이 더해져 다이어트 식단에 잘 어울리는 한 끼가 된다.

기본 재료

- ⊠ 갑오징어 1마리
- ⊠ 미나리 200g
- ⊠ 콩나물 200g
- ⊠ 양파 ½개
- ⊠ 홍고추 1개

양념장 재료

- ⊠ 죽염간장 2큰술
- ⊠ 죽염 1큰술
- ⊠ 알룰로스 2큰술
- ⊠ 고춧가루 3큰술
- ⊠ 다진 마늘 1큰술
- ⊠ 청주 1큰술
- ⊠ 후추 약간
- ⊠ 대파 ½대

만드는 법

1. 갑오징어는 내장을 제거한 뒤 잘 씻는다.
   TIP 오징어 껍질은 안 벗겨도 되지만 벗길 경우 굵은소금으로 문질러 제거한다. 오징어는 펼쳐서 통으로 사용한다.

2. 미나리는 씻어서 6cm 길이로 자른다. 양파는 반으로 잘라 미나리 길이로 채 썰고 홍고추는 얇게 썬다. 대파는 잘게 다진다.

3. [양념장 재료]를 잘 섞어 양념장을 만든다.

4. 납작한 팬에 양파, 미나리, 콩나물을 깔고 그 위에 갑오징어를 올린다.

5. 양념장을 얹고 홍고추를 고명으로 올린 다음 갑오징어가 익을 정도로 살짝 찐다.

템페 콜리플라워 볶음밥

탄수화물은 줄이고 단백질은 템페와 새우로 꽉 채운 저탄수 볶음밥이다. 콜리플라워로 만든 밥은 입자가 고슬고슬해 일반 볶음밥 못지않게 식감이 살아 있고, 고소한 풍미가 가득한 템페는 씹을수록 담백하다. 달걀과 새우, 템페의 조합은 식물성과 동물성 단백질을 함께 챙길 수 있는 이상적인 구성이라 근육 유지가 중요한 다이어터에게 딱이다. 특히 템페는 콩으로 만든 발효 식품이라 장 건강까지 생각한 식재료라는 점이 매력이다.

기본 재료

- 콜리플라워 150g
- 템페 100g
- 새우 3마리
- 달걀 2개
- 올리브오일 3큰술
- 다진 마늘 1큰술
- 죽염 1작은술
- 후추 약간
- 파슬리 약간

만드는 법

1. 템페는 1cm 크기로 자르고 파슬리는 다지고 새우는 한 입 크기로 썬다. 콜리플라워는 프로세서로 잘게 다진다.

2. 달군 팬에 올리브오일을 두르고 다진 마늘 1큰술을 넣어 볶는다.

3. 템페와 새우를 팬에 넣고 후추를 뿌린 뒤 앞뒤로 골고루 구워준다.

4. 콜리플라워를 ③에 넣고 같이 볶는다.

5. 달걀을 잘 풀어서 팬에 두르고 빠르게 볶아 스크램블한 다음 ④에 넣어 섞는다.

6. 죽염으로 간을 맞추고 다진 파슬리를 뿌린다.

아귀수육

기름기 없이 담백하지만 감칠맛이 있는 아귀수육은 다이어터에게 딱 맞는 보양식이다. 아귀 특유의 탱탱한 식감은 얼음물에 식히는 과정에서 극대화되고, 콩나물과 미나리, 표고버섯이 더해져 씹는 재미도 충분하다. 자극적이지 않은 죽염간장과 고추냉이 소스는 입맛을 살려주며 무엇보다 고단백·저지방인 아귀는 포만감이 높아 식사 대용으로 좋다. 냄비째 한 번에 조리해도 맛이 잘 배어 조리 과정이 간결하며 도시락 반찬이나 손님상 메뉴로 활용하기 좋다.

기본 재료

- 아귀 순살 700g
- 식초 50㎖
- 천일염 1큰술
- 청주 100㎖
- 콩나물 300g
- 미나리 ½단
- 표고버섯 1개
- 대파 흰부분 3대
- 통마늘 7쪽
- 죽염된장 1큰술

양념간장 재료

- 죽염간장 2큰술
- 청주 1큰술
- 양파 ½개
- 고추 2개
- 후추 약간

양념소스 재료

- 죽염간장 2큰술
- 아귀수육 육수 1큰술
- 고추냉이 1작은술
- 식초 1큰술

만드는 법

1. 아귀 순살을 단단하게 하기 위해 식초와 천일염, 청주를 넣고 30분 정도 재워둔다.

2. 물 1ℓ를 냄비에 붓고 가열한다. 끓으면 죽염된장 1큰술을 풀어 넣고 아귀를 넣어 데친다. 겉이 하얗게 익으면 바로 건져 차가운 얼음물에 10분 정도 담갔다가 다시 건져낸다.

   TIP 얼음물에 10분 정도 담가두면 살이 더욱 탱탱하고 쫄깃해진다. 아귀 육수는 따로 담아 두었다가 양념소스에 활용한다.

3. 미나리는 식초에 담갔다가 깨끗이 씻고 굵은 줄기 위주로 3~4cm 길이로 자른다. 콩나물을 잘 씻어 손질하고 대파는 4cm 길이로 잘라 반으로 가른다. 통마늘은 편으로 썰고 표고버섯은 기둥을 자르고 얇게 썬다.

   TIP 미나리는 굵은 줄기 위주로 사용하면 되는데 잎까지 써도 무방하다.

4. 양파는 곱게 썰고 고추는 송송 썬 다음 **양념간장 재료**를 잘 섞어서 양념간장을 만들고 **양념소스 재료**를 잘 섞어 양념소스를 만든다.

5. 바닥이 두꺼운 냄비에 콩나물을 깔고 대파를 올리고 아귀와 마늘, 후추를 뿌리고 표고버섯을 올린 후 양념간장을 끼얹고 가열한다.

6. 아귀와 콩나물이 익으면 미나리를 올리고 뚜껑을 닫아 다시 익히고 미나리가 숨이 죽으면 불을 끄고 양념소스에 찍어 먹는다.

곤약면 분짜

쫄깃한 곤약면에 라임의 산뜻함과 고수의 향, 구운 돼지고기가 어우러진 저탄수 분짜다. 곤약면은 탄수화물 양은 낮고 포만감은 높아 든든한 저탄수 식단으로 활용하기 좋고, 생숙주와 당근의 아삭함이 더해져 식감도 좋다. 고기는 라임과 발사믹식초, 액젓을 넣은 이색 양념으로 구워내 감칠맛이 살아 있고, 느억맘 소스는 톡 쏘는 라임과 스리라차의 매콤함이 곁들여져 입맛을 확 끌어올린다.

기본 재료

- 돼지고기 앞다리살 슬라이스 250g
- 당근 1/2개
- 고수 100g
- 숙주 100g
- 곤약실면 1팩
- 으깬 땅콩 약간

돼지고기 양념 재료

- 죽염간장 2큰술
- 라임즙 1큰술
- 액젓 1큰술
- 다진 마늘 1큰술
- 알룰로스 1큰술
- 발사믹식초 1큰술
- 올리브오일 1큰술

느억맘 소스 재료

- 라임즙 3큰술
- 멸치액젓 1큰술
- 알룰로스 1큰술
- 다진 마늘 1큰술
- 스리라차소스 3큰술
- 고수(줄기 위주) 1큰술
- 으깬 땅콩 1큰술

만드는 법

1. 돼지고기 앞다리살 슬라이스를 [돼지고기 양념 재료]에 30분 이상 재워둔다.

2. [1]을 중불로 구워준다.

3. 당근은 채 썬다.

4. 곤약실면은 살짝 데친 다음 건져내 냄새를 제거한다.

5. [느억맘 소스 재료]를 모두 섞어 소스를 만든다.

6. 채 썬 당근, 곤약실면, 생숙주, 구운 돼지 앞다리살을 돌려가면서 접시에 담고 고수를 얹은 다음 으깬 땅콩을 올린다.

7. 느억맘 소스를 곁들여 먹는다.

버섯묵

표고, 목이, 팽이 세 가지 버섯의 감칠맛이 그대로 담긴 버섯묵은 탱글한 식감과 은은한 풍미가 매력적인 저탄수 요리이다. 볶은 버섯에 한천을 더해 굳히기만 하면 되니 조리법도 간단하고, 간장과 죽염으로 양념을 최소화해 담백하면서도 부담이 없다. 버섯은 칼로리가 낮고 식이섬유가 풍부해 포만감은 오래 유지되면서도 속은 편안한 식재료다. 여기에 한천이 더해지면 장운동을 돕고 포만감을 한층 높여주어 다이어트 식단에 잘 어울린다. 가볍지만 허전하지 않은 이유가 여기에 있다. 그대로 썰어 죽염간장에 찍어 먹거나, 샐러드 위에 올려 색다르게 즐겨도 좋다.

기본 재료

- 표고버섯 50g
- 목이버섯 50g
- 팽이버섯 50g
- 죽염간장 1작은술
- 죽염 1작은술
- 한천가루 1큰술

만드는 법

1. 표고버섯, 목이버섯, 팽이버섯을 적당한 크기로 썬다.

2. 팬에 버섯과 죽염간장 1작은술을 넣고 볶는다.

3. ②에 물 1컵, 죽염 1작은술을 넣고 끓이다가 물 ½컵에 한천가루 1큰술을 잘 섞은 물을 붓고 중약불로 한 번 끓여준다.

4. ③을 용기에 담아 상온에서 식힌 뒤 냉장고에 넣고 1시간 동안 굳힌 다음 죽염간장을 곁들여 먹는다.

오이 토마토국물소박이

토마토로 만든 물김치 절임물에 아삭한 오이를 담가 발효시킨 여름 맞춤 김치다. 일반 물김치보다 산뜻하고, 오이 속에 무와 당근, 고추가 알차게 들어가 식감도 살아 있다. 고춧가루나 젓갈 없이 담그기 때문에 자극이 없고, 토마토의 감칠맛이 배어들어 국물까지 시원하게 마실 수 있는 것이 특징이다. 오이와 토마토는 수분이 풍부하면서도 칼로리는 낮아 갈증 해소와 식이섬유 보충에 효과적이다. 여름철 입맛이 없을 때는 차게 해서 시원하게 즐겨보자.

기본 재료

- 오이 4개
- 무 2cm
- 당근 ⅓개
- 홍고추 1개
- 죽염 ½큰술

절임물 재료

- 물 2컵
- 죽염 2큰술

양념 재료

- 토마토 1개
- 마늘 2쪽
- 다진 생강 1작은술
- 죽염 1큰술
- 알룰로스 ⅔큰술
- 물 2컵

만드는 법

1. 오이는 칼등으로 돌기를 제거한 후 길이로 4등분한다. 끝부분 1cm만 남기고 열십자로 칼집을 넣는다.

2. 볼에 절임물 재료 를 넣고 죽염이 녹을 때까지 저은 후 오이를 넣고 중간중간 위아래로 뒤섞으며 1시간 정도 절인다.

3. 오이 속 재료인 무, 당근, 홍고추는 곱게 채 썬다. 죽염 ½큰술을 뿌려 골고루 버무린 후 20분 동안 절였다가 체에 밭쳐 물기를 제거한다.

4. 믹서에 양념 재료 중 큼직하게 썬 토마토, 마늘, 다진 생강과 물 1컵을 넣고 곱게 간다.

5. 간 양념을 체에 거른 후 나머지 물 1컵도 체에 부어 다시 한번 거른 뒤 죽염과 알룰로스를 넣어 간을 한다.

6. 절인 오이에 ③의 속재료를 채워 용기에 담는다.

7. ⑤의 양념을 부어 실온에서 하루 정도 발효시킨 다음 냉장고에 넣어 보관하고 5일 후부터 먹는다.

씹는 순간 고소함이 터지는 아삭한 반찬

오이들깨 탕탕이

오이를 몽둥이로 두들겨 결을 살린 뒤, 들기름과 들깻가루를 더한 고소한 양념에 휘리릭 무쳐내는 아주 간단한 반찬이다. 탕탕 두드려낸 오이는 양념이 속까지 잘 배어들어 아삭한 식감은 그대로 살아 있어 한 입만 먹어도 입안이 시원하다. 죽염간장과 알룰로스로 짠맛과 단맛의 균형을 맞췄고, 들깻가루가 고소한 마무리를 책임진다. 탄수화물은 거의 없고 식이섬유는 충분하며 들깨의 불포화지방이 더해져 저탄수 식단 반찬으로 제격이다.

기본 재료

- 오이 2개

양념장 재료

- 죽염 ½큰술
- 죽염간장 ½큰술
- 알룰로스 1작은술
- 다진 마늘 1작은술
- 들깻가루 1작은술
- 들기름 1큰술
- 고수 약간

만드는 법

1. 오이를 봉지에 넣고 몽둥이로 탕탕 두들겨준 후 먹기 좋은 크기로 자른다.

2. [양념장 재료]를 섞어 양념장을 만든다.

3. 오이와 양념장을 잘 버무린다.

4. 오이를 접시에 담고 고수를 적당히 잘라 올린다.

오트밀 크림리조토

쌀 대신 오트밀을 사용해 만든 리조토는 부드러운 식감에 고소함이 더해진 한 그릇 요리다.
아몬드밀크를 베이스로 하여 크리미하지만 무겁지 않고, 닭가슴살과 팽이버섯이 들어가 단백질과
식이섬유도 풍부하다. 일반 리조토에 비해 탄수화물은 낮고 소화는 훨씬 편안해 부담 없이 포만감을
채울 수 있다. 죽염간장으로 감칠맛을 살리고, 마지막에 그라나파다노 치즈를 더하면 풍미가 한층
깊어진다. 여기에 간단한 채소 샐러드를 곁들이면 훌륭한 저탄수 브런치가 된다.

기본 재료

- 오트밀 6큰술
- 닭가슴살 100g
- 아몬드밀크(무가당) 200㎖
- 양파 ¼개
- 팽이버섯 100g
- 다진 마늘 ½큰술
- 죽염간장 1큰술
- 죽염 약간
- 후추 약간
- 올리브오일 1큰술
- 그라나파다노치즈 약간

만드는 법

1. 양파와 팽이버섯은 잘게 다지고 닭가슴살은 사방 1cm 크기로 썬다.

2. 팬에 올리브오일을 두르고 양파, 팽이버섯, 닭가슴살을 살짝 볶는다.

3. ②에 아몬드밀크를 붓고 오트밀, 다진 마늘, 죽염간장, 죽염, 후추를 넣은 뒤 오트밀이 부드러워질 때까지 끓인다.

4. 불을 끄고 그릇에 담아 그라나파다노치즈를 갈아 넣는다.

밀가루 없이도 바삭하게!

양배추피자

얇게 썬 양배추에 달걀과 아몬드파우더를 섞어 도우를 만들면 겉은 바삭, 속은 촉촉한 밀가루 없는 피자를 만들 수 있다. 토마토소스와 블랙올리브, 치즈가 어우러져 풍미는 정통 피자 못지않고, 양송이버섯과 방울토마토를 얹어 씹는 맛도 다채롭다. 식이섬유가 풍부한 양배추에 단백질이 풍부한 달걀과 치즈를 더해 포만감은 높이고 탄수화물은 확 줄였다. 냉장고 속 남은 채소로 다양하게 응용할 수 있고 오븐 없이 팬으로 간단히 만들 수 있어 주말 브런치나 아이 간식으로 활용하기도 좋다.

기본 재료

- 양배추 1/8통(250g)
- 달걀 2개
- 아몬드파우더 ½컵
- 죽염 ½큰술
- 토마토소스 3큰술
- 방울토마토 5개
- 양송이버섯 5개
- 블랙올리브 1큰술
- 모차렐라치즈 100g
- 올리브오일 적당량

만드는 법

1. 양배추를 얇게 채 썬 다음 아몬드파우더와 달걀, 죽염을 넣고 잘 섞는다.

2. 팬에 올리브오일을 두르고 ①을 올려 양배추 도우를 앞뒤로 노릇하게 부친다.

3. 방울토마토를 반으로 자르고 양송이버섯을 얇게 썬다.

4. 양배추 도우에 토마토소스를 고르게 바르고 블랙올리브, 방울토마토, 양송이버섯을 올린다.

5. 마지막으로 모차렐라치즈를 올린 후에 약불에서 뚜껑을 덮고 치즈가 녹을 때까지 익혀 마무리한다.

채소 아코디언

가지, 애호박, 버섯, 닭가슴살을 아코디언처럼 겹겹이 쌓아 구운 이 요리는 보기에도 근사하고
영양까지 빈틈없다. 바닥에 깐 수제 토마토소스와 터뜨린 달걀 노른자가 채소, 치즈와 어우러져
풍미가 깊고 부드러운 오븐 요리이다. 밀가루나 전분 없이 만들어 탄수화물은 적고 단백질과 섬유소를
골고루 갖추고 있어 균형 잡힌 한 끼로 손색없다. 오븐만 있으면 간단하게 만들 수 있지만 제법
그럴듯한 요리라 외식 같은 한 끼가 필요할 때 딱이다.

기본 재료

- ✗ 애호박 ½개
- ✗ 새송이버섯 1개
- ✗ 가지 ½개
- ✗ 수비드 닭가슴살 200g
- ✗ 수제 토마토소스 5큰술
- ✗ 달걀 2개
- ✗ 모차렐라치즈 30g
- ✗ 죽염 약간
- ✗ 후추 약간

만드는 법

1. 애호박과 새송이버섯은 동그란 모양으로 두께 0.5cm로 썰고, 가지는 어슷하게 타원 모양으로 두께 0.5cm로 썰고, 수비드 닭가슴살은 어슷하게 두께 0.5cm로 편으로 썬다.

2. 채소와 닭가슴살에 죽염을 살짝 뿌려 간한다.

3. 오븐 팬에 토마토소스를 올리고 달걀 2개를 깨 넣은 뒤 노른자를 터뜨린다.

4. ③ 위에 가지, 애호박, 버섯, 닭가슴살 순서로 눕히듯 기울여 겹쳐서 세워 담는다.

5. 모차렐라치즈를 올리고 후추를 뿌린 다음 180도로 예열한 오븐에 10분간 익힌다.

뱃살은 물론
당뇨·고혈압·고지혈증·역류성 식도염까지 사라진
놀라운 100일의 변화

100일 만에 건강을 되찾다!

저는 30년 넘게 의류매장을 운영해 왔어요. 그동안 많은 단골 고객들이 생겼고 그분들이 자주 호떡·붕어빵·떡·빵·아이스크림 등을 사 오셔서 그 자리에서 함께 나눠 먹곤 했죠. 매장에서는 식사시간이 정해져 있지 않다 보니 식사가 불규칙하기도 했어요. 밥을 많이 먹는 편은 아니었기 때문에 왜 살이 찌는지 항상 의문이 들었지만 그냥 체질이 그런가 보다 하며 살아왔죠.

박수현(53세, 자영업)
- **몸무게:** 64.2→ 52.3kg(11.9kg 감량)
- **체지방:** 23.1→ 15.7kg(7.4kg 감량)
- **건강 개선 효과:** 당뇨·고혈압·고지혈증·위장 문제 개선, 역류성 식도염 호전, 피부 탄력, 체력 증진

그러던 어느 날 건강검진 후 병원에서 충격적인 말을 들었어요. "당뇨약을 드셔야 합니다. 고혈압, 고지혈증, 골다공증도 위험한 상태예요."라며 약 복용을 권유했죠. 제가 주저주저하자 의사는 "약 몇 알 먹으면 되는데 왜 이렇게 안 먹으려고 하세요?"라며 이해할 수 없다는 듯 얘기했어요.

하지만 저는 약에 의존하기보다 근본적인 해결책을 찾고 싶었어요. "살을 빼면 좋아질까요?" 하고 물으니 의사는 살 빼고 운동하면 아무래도 수치가 좋아진다고 했죠. 살만 빼면 전부 좋아질 거라는 생각에 다이어트를 결심했지만 번번이 실패를 겪었어요. 한약을 먹어보기도 했는데, 살이 빠지기는 했지만 이상하게 심장이 쿵쿵

뛰고 불안감이 들었어요. 그래서 그 다음에는 절식으로 3~4kg 정도를 감량했지만 기운이 빠지고 피부가 푸석해지는 부작용이 나타났어요. 게다가 체중 감량 후에는 항상 요요가 찾아와 다시 원래 체중으로 돌아가곤 했어요.

그때 우연히 아는 동생이 눈에 띄게 날씬해진 모습을 보게 되었어요. 살도 살이었지만 전보다 훨씬 건강해 보였죠. 어떻게 그렇게 변할 수 있었는지 물었더니 황해연 약사님의 더퍼플다이어트를 추천해 줬어요.

체지방 7.4kg 감량, 약 없이도 건강 수치 정상화

처음에는 단 음식에 대한 갈망이 너무 심했죠. 그동안 제가 얼마나 단 음식에 중독되어 있었는지 그때 깨달았어요. 하지만 하루하루 지나면서 제 몸이 조금씩 변하는 것을 느꼈고, 이것이 맞는 방향이라는 확신이 생겼어요.

일단 매일 일정한 루틴을 지키려고 노력했어요. 하루 한 끼를 먹되, 순대국이나 갈비탕, 삼계탕처럼 든든한 국물 요리를 배부르게 먹고 18시간 공복을 유지했죠. 신기하게도 18시간 공복을 유지하다 보니 점점 단 음식에 대한 생각이 사라지기 시작했어요. 지금은 한 끼만 먹어도 충분히 만족스럽고, 단 음식을 갈망하는 마음도 거의 없어졌답니다.

다이어트 중에 가장 자주 먹은 음식은 모시조개국, 순대국, 미역국, 보쌈이었어요. 국물 요리가 든든하면서도 저탄수 식단에 적합하더라고요. 차돌박이 채소찜도 매장이나 집에서 간단하게 조리할 수 있어서 자주 먹었어요. 아침에는 주로 방울토마토, 파프리카, 브로콜리, 견과류, 삶은 달걀, 두부에 올리브오일과 발사믹 식초를 뿌려 먹었어요. 죽염수를 마시는 것도

큰 도움이 되었고요. 공복감이 덜하고 배고픔이 사라지거든요. 매일 인바디를 재고 일지를 쓰면서 변화를 기록하는 것도 큰 도움이 되었어요. 가벼운 운동도 병행했고요. 매일 30분에서 1시간 정도 걷고, 15분 정도 가벼운 덤벨 운동과 국민체조를 했죠.

그렇게 100일이 지났을 때, 놀라운 변화가 찾아왔어요. 체중이 64.2kg에서 52.3kg으로 무려 11.9kg이나 감량되었고, 체지방량도 23.1kg에서 15.7kg으로 7.4kg이나 줄었어요.

다이어트와 함께 찾아온 건강

체중 감량 외에 더 큰 변화가 있었어요. 당뇨 수치가 좋아졌고, 고혈압과 고지혈증 약을 복용하는데도 혈압이 145mmHg 정도로 높았었는데 다이어트 후에는 수치가 개선되었습니다. 의사 선생님도 깜짝 놀라시더라고요. 결국 당뇨약 처방은 취소되었어요.

신기하게 위장도 좋아졌어요. 예전에는 위가 너무 아파서 위산억제제를 자주 먹었고 때로는 속이 타들어가는 듯한 통증이 있었어요. 그런데 어느 날 약국에 갔을 때 약사님이 "요즘 위염약 안 가져가시네요?"라고 물어보셨고, 그제야 저도 '어? 그러고 보니 위장이 안 아프네?' 하고 깨달았어요. 위염과 역류성 식도염이 완전히 나은 거예요.

사실 처음에 남편은 제 다이어트를 반대했어요. "여자는 통통해야 예쁜 거야!"라며 심지어 체중계를 숨기기도 했답니다. 하지만 제가 체중이 줄어들면서 건강해지는 모습을 보이자, 결국 인정했어요. 이제는 남편도 제가 건강을 위해 다이어트를 해야 한다는 걸 이해하고, 늦은 저녁에 야식을 함께 먹던 습관도 조절할 수 있게 되었어요. 매장 직원도 저를 보고 저탄수 식단을 시작했는데 4kg이 빠졌다고 하더라고요.

지금은 이 식단이 제 몸에 가장 맞는 식단이라는 확신이 들어요. 방법을 확실히 알게 되니, 가끔 탄수화물을 먹거나 며칠 식단이 흐트러져도 체중을 안정적으로 유지할 수 있는 노하우가 생겼어요. 저는 지금 전보다 더 건강하고, 더 행복해요. 살도 빠지고 당뇨약 처방이 취소되고, 위장약 없이도 편안하게 지내고, 피부까지 좋아졌으니 말이지요. 저탄수 다이어트는 제 삶의 질을 완전히 바꿔놓았어요.

　더퍼플다이어트를 시작하는 분들에게 꼭 말씀드리고 싶어요. 처음에는 어렵지만, 2주만 제대로 실천해 보세요. 탄수화물 중독에서 벗어나면 단 음식 생각이 사라지고, 몸이 가벼워져요. 혼자 하기 어렵다면 함께하는 그룹을 찾는 것도 좋은 방법이에요. 저도 혼자였다면 포기했을지 몰라요. 같은 목표를 가진 사람들과 함께하면 서로 격려하고 응원하니 끝까지 해낼 수 있어요.

지방을 태우는
몸으로 돌입!

✖ 지방 연소를 가속화하는 단계

1주 차에서 16:8 시간제한 식사(16시간 공복, 8시간 식사)에 익숙해지고, 탄수화물 섭취를 줄이며 고단백 식단을 유지했다면, 이제 몸은 탄수화물이 아닌 지방을 태우는 데 점점 적응하고 있을 것이다.

이제 2주차부터는 대사탄력성을 더욱 높이고 지방 연소 속도를 가속화하기 위해 고지방 식단을 활용하고 간헐적 단식을 추가하는 단계로 넘어간다. 둘째 주에는 육류를 적극적으로 섭취하며, 1주일에 1~2회 24시간 단식을 실천하는 것이 핵심이다.

✖ 육류 적극 활용하기

2주 차부터는 삼겹살, 소고기 등 고지방 육류를 식단에 적극 포함시킨다. 지방 섭취량이 증가하면 몸은 탄수화물 대신 지방을 더 효율적으로 연소하게 되며, 포만감이 오래 지속되어 식사량을 자연스럽게 조절할 수 있다.

이 시기에는 과일, 빵, 면 등의 탄수화물은 더 철저히 제한해야 하며, 밥도 제한한다. 탄수화물 유혹에 주의하며 식단 관리를 더욱 철저히 하도록 하자.

　2주차를 성공적으로 마치면, 몸은 점점 더 탄수화물 없이도 에너지를 내는 데 익숙해지고, 대사탄력성이 더욱 향상될 것이다. 단, 삼겹살 같은 고지방 육류를 늘 이렇게 많이 먹기는 어렵다. 지방을 태우는 몸이 되고 나면 육류를 적당히 조절하여 먹는 것이 좋다.

✕ 간헐적 단식으로 체지방 연소 극대화하기

　2주차부터는 주 1~2회, 24시간 단식을 하여 지방 연소를 더욱 촉진한다. 즉, 하루는 단식을 하고 하루는 먹는 방식으로 공복 상태를 길게 유지하여 체내 지방 연소를 가속화하는 전략이다. 예를 들어 저녁 7시에 식사를 한 뒤 다음 날 저녁 7시까지 단식을 유지하는 것이다.

　최소 24시간 단식 기간을 유지하는 것이 효과적이며, 익숙해지면 30시간이나 48시간 단식도 가능하다. 그런데 갑자기 긴 시간 단식을 하기보다는 1일 1식부터 시작해 익숙해지면 천천히 늘려나가는 것을 추천한다. 음식을 먹는 날에는 잠자기 직전에 식사하면 수면에 방해가 될 수 있으므로, 최소 잠들기 4시간 전에는 식사를 마치고 깨어 있는 시간에 먹도록 조절하는 것이 좋다.

　간헐적 단식의 핵심은 단식하는 날 전후로 포만감이 느껴지도록 지방과 단백질이 풍부한 양질의 저탄수 음식을 잘 먹는 것이다. 이렇게 양질의 식사를 충분히 먹으며 간헐적 단식을 하면 근육을 지킬 수 있고, 단식 후 음식을 먹어도 체중이 늘어나지 않는다.

　실제로 다이어트 프로그램을 진행하며 간헐적 단식을 진행해 보면 단식 후에 음식을 먹었을 때 체중이 회복되는 경우가 없었다. 오히려 단식 이후 식사를 했을 때 체지방이 감소되는 경우가 많았다. 이는 간헐적 단식으로 체내 대사 시스템이 최적화되면서 지방을 더욱 효과적으로 연소하는 방향으로 적응하기 때문이다. 이때 간헐적 단식은 최소 24시간 이상을 의미한다.

그런데 '아무거나 먹고 단식 시간만 지키면 된다.'라고 오해하는 이들이 있다. 계속 강조하지만 탄수화물을 배제한 영양이 풍부한 식사를 충분히 먹어야 살이 잘 빠진다. 정제탄수화물 음식, 가공식품, 첨가물이나 각종 색소가 들어간 음식 등 체내 염증을 증가시키는 음식을 먹고 단식을 하는 것은 무의미하다. 풍부한 채소와 함께 에너지 대사 효율을 높여 몸의 활성을 극대화할 수 있는 음식을 먹어야 한다.

✕ 간헐적 단식, 보식을 잘해야 효과가 커진다

24시간 이상 단식을 한 후에 한 끼는 위장을 워밍업시키는 식사를 해야 한다. 특히 소화력이 약한 사람들은 이 보식이 중요하다. 단식 후 한 끼 정도는 미역국, 황태국, 모시조개된장국, 설렁탕, 사골국 등 따뜻한 국물류로 위를 따뜻하게 해주는 것이 좋다. 그 다음에 건더기 있는 식사를 충분히 하는 것을 추천한다.

보식을 잘하면 먹는 기간에 체지방이 빠지는 경우도 많다. 단식 시간에는 아무것도 먹지 않았기 때문에 소화에 필요한 에너지 소비가 이루어지지 않는다. 그러나 식사를 한 다음 날 마음껏 먹으면 소화를 하는 데 에너지를 쓰게 되므로 체지방이 연소된다. 단식 중에는 죽염이나 간장을 따뜻한 물에 타서 마셔도 좋다.

✕ 간헐적 단식의 놀라운 효과

간헐적 단식을 하면 체지방 연소의 극대화 효과를 볼 수 있다. 24시간 단식 중에는 인슐린 수치가 현저히 감소하면서 체지방이 주요 에너지원으로 전환되기 쉬워진다. 이는 우리 몸이 저장된 지방을 효율적으로 분해해 필요한 에너지를 공급하게 되기 때문이다. 이 과정에서 자연스러운 체지방 감소가 일어난다.

더욱 흥미로운 것은 자가포식(Autophagy)이라는 현상이다. 이는 우리 몸의 세포들이 스스로를 청소하고 재생하는 과정을 말한다. 마치 대청소를 하는 것처럼, 우리 몸의 세포들은 단식 기간 동안 오래되고 손상된 세포 구성요소들을 제거하고 재활용한다. 이 과정은 노화 방지와 세포 재생에 크게 기여하며 전반적인 건강 증진에 도움을 준다.

간헐적 단식의 또 다른 주목할 만한 효과는 대사탄력성의 향상이다. 24시간 단식을 통해 우리 몸은 탄수화물이 없는 상황에서도 효율적으로 에너지를 만들어내는 능력을 키우게 된다.

소화기관의 건강 측면에서도 단식은 큰 이점을 제공한다. 우리의 위장은 쉴 틈 없이 음식을 소화하느라 항상 바쁘다. 24시간 동안 단식을 하여 소화기관에 충분한 휴식 시간을 제공하면 장내 미생물의 균형이 개선되고, 염증이 감소하며, 전반적인 소화 기능이 회복된다.

간헐적 단식은 체지방 감량의 방법이자 포괄적인 건강 증진 방법이다. 우리 몸은 이 시간 동안 스스로를 정화하고, 회복하며, 더욱 효율적인 에너지 시스템으로 변화한다. 이렇게 우리 몸이 가진 놀라운 자정 능력을 믿고, 현명하게 활용한다면 다이어트는 물론이고 평생 건강한 삶을 영위하는 데 많은 도움이 될 것이다. 그러나 모든 사람이 간헐적 단식을 해야 하는 것은 아니다. 특히 저체중이라면 굳이 단식을 하지 않아도 된다. 하지만 저체중이라도 탄수화물을 지나치게 많이 섭취해왔던 경우(특히 정제 탄수화물, 과당, 밀가루 등) 인슐린 저항성이 있을 수 있으므로 체력이 충분하고, 건강에 특별한 이상이 없으며 단식을 해도 극심한 피로감을 느끼지 않는 경우라면 시도해보는 것도 좋겠다. 또한 체력이 떨어진 상태이거나 당뇨 등 질환을 가지고 있다면 전문가와 상담 후 진행하도록 하자.

단식 후에 간혹 지방보다 근육이 빠지는 경우가 있다. 이는 체지방 대사가 아직 충분히 활성화되지 않아서이다. 또한 체중 변화가 없는 사람은 식사로 인한 에너지 소비가 없어서일 수 있다. 이런 경우에는 보식을 제대로 했을 때 체중 감소가 시작되는 경우도 많다.

첫째 주에 탄수화물을 멀리 하는 연습을 하고 양질의 영양가 높은 음식을 충분히 즐기며 먹는 습관을 들였다면, 두 번째 주는 양질의 지방을 충분히 공급해 지방을 태우는 몸으로 본격적으로 들어설 수 있도록 하자. 간헐적 단식의 스케줄에 따라 다음 식단표를 유연하게 활용하면 된다.

	1일	2일	3일	4일	5일	6일	7일
1식	대패삼겹 미역국, 대구순살 빠삐요트	돼지갈비찜	된장전골, 토닭토닭	토마호크 스테이크	감자 없는 감자탕	꽈리고추 삼겹, 완탕	로메인 비프, 순두부 프리타타

week 02

고소한 대패삼겹으로 깊은 풍미를 더한

대패삼겹 미역국

얇게 썬 대패삼겹이 푹 우러나 미역과 어우러지면, 별도의 육수 없이도 깊은 맛이 나는 미역국이 완성된다. 삼겹살의 고소한 지방이 국물에 배어 묵직한 풍미를 더하고, 미역의 부드러운 식감과 자연스러운 감칠맛이 속을 편안하게 다독여준다. 탄수화물은 거의 없지만 포만감은 충분해 든든한 한 끼로도 손색없다. 냉장 보관 후 데워 먹으면 맛이 더 깊어지니 넉넉히 끓여두는 것을 추천한다.

기본 재료

- ✕ 대패삼겹살 300g
- ✕ 마른 미역 50g
- ✕ 죽염간장 2큰술
- ✕ 죽염 1큰술

만드는 법

1. 미역을 1시간가량 불린 뒤 물기를 짜내고 먹기 좋게 썬다.

2. 대패삼겹살을 한입 크기로 썬다.

3. 냄비에 물 2ℓ를 붓고 끓어오르면 대패삼겹살과 미역을 넣고 센 불에 잠시 끓였다가 중불에 1시간 정도 더 끓인다.

4. 맛이 충분히 우러나오면 죽염간장과 죽염으로 간을 맞추어 마무리한다.

1, 2

3

4

된장전골

설렁탕 국물에 죽염된장을 풀어낸 이 전골은 첫 숟가락부터 구수하면서도 깊은 감칠맛이 입안을 가득
채운다. 된장 외에 별다른 양념을 더하지 않았는데도 국물 맛이 완성되는 이유는, 설렁탕 육수의 깊은
맛과 된장의 조화가 자연스럽게 어우러지기 때문이다. 여기에 우삼겹에서 배어 나오는 고소한 기름,
미나리의 산뜻한 향, 두부의 담백함이 더해지며 맛의 균형을 잡아준다. 한 냄비 안에 단백질과 지방이
충분히 채워져 있어 저탄수 다이어터에게 만족스러운 한 끼가 된다.

기본 재료

- ⌧ 시판 설렁탕 국물(또는 육수) 2컵
- ⌧ 우삼겹 300g
- ⌧ 두부 ½모
- ⌧ 미나리 200g
- ⌧ 죽염된장 1큰술
- ⌧ 죽염 1작은술
- ⌧ 대파 ½대
- ⌧ 홍고추 1개

만드는 법

1. 두부는 납작하게 사방 4cm 크기, 0.8~1cm 두께로 썰어준다. 미나리와 우삼겹도 4cm 길이로 썬다. 대파와 홍고추는 어슷 썬다.

2. 전골 냄비에 두부, 미나리, 우삼겹을 얹는다.

3. 시판 설렁탕 국물을 재료가 잠길 정도로 부어준다.
   TIP 설렁탕 국물 대신 육수 또는 물을 넣어도 된다.

4. 죽염된장 1큰술을 풀어 넣고 우삼겹이 완전히 익을 때까지 끓인다.

5. 죽염으로 간을 맞추고 대파와 홍고추를 올려 마무리한다.

토마토 나베

토마토의 산뜻한 감칠맛과 소고기의 고소함이 국물에 녹아든 따뜻한 한 냄비 요리다. 토마토를 듬뿍 썰어서 국물 맛이 시원하고, 브로콜리와 바질이 어우러져 향도 풍성해 한 그릇으로도 만족스러운 한 끼가 된다. 죽염간장으로 간을 맞추고 올리브오일로 마무리하면 전체적으로 부드럽고 깔끔한 맛이 완성된다.

기본 재료

- 토마토 2개
- 토마토 즙(또는 토마토 주스) 2컵
- 소등심 300g(또는 우삼겹)
- 브로콜리 200g
- 바질 10g
- 죽염간장 1큰술
- 죽염 1작은술
- 후추 약간
- 올리브오일 1큰술

만드는 법

1. 토마토를 0.5cm 두께로 둥글게 썬다.

2. 브로콜리도 잘 씻어서 송이대를 잘라낸 다음 먹기 좋은 크기로 썬다.

3. 소등심은 토마토 크기로 썬다.

4. 냄비에 토마토를 한 줄 깔고 옆에 브로콜리, 등심을 한 줄씩 깐다.

5. 토마토 즙 또는 토마토 주스를 붓고 바질, 죽염간장을 넣고 끓인다.
   TIP 강불에서 끓이다가 끓으면 약불로 조절한다.

6. 고기가 익으면 죽염으로 간을 맞추고 후추, 올리브오일을 뿌려 마무리한다.

든든한 고단백 영양 한 그릇

완탕

고기와 새우로 빚은 두 가지 완자가 깊고 진한 소고기육수에 퐁당 빠진 고단백 한 그릇 요리이다. 곱게 갈아낸 새우는 촉촉하고 탱글한 식감을 더하고, 쇠고기와 돼지고기는 육즙으로 입안을 채운다. 청경채까지 더해지면 영양 균형은 물론, 국물 맛까지 시원하게 살아난다. 탄수화물 없이도 포만감은 충분하고, 죽염으로 간을 맞춰 자극 없이 깔끔하게 즐길 수 있다.

기본 재료

- 다진 쇠고기 200g
- 다진 돼지고기 200g
- 새우 300g
- 다진 마늘 2큰술
- 후추 1+⅓작은술
- 죽염 1+½작은술
- 소고기육수 1ℓ
- 청경채 3개
- 다진 대파 1큰술

만드는 법

1. 다진 쇠고기와 다진 돼지고기에 후추 1작은술, 다진 마늘 1큰술, 죽염 1작은술을 넣고 조물조물 주물러서 지름 2~3cm 정도 크기로 동그랗게 빚는다.

2. 새우는 껍질을 까서 내장과 꼬리를 제거한 다음 죽염 ½작은술과 후추 약간을 넣어 푸드프로세서(또는 믹서기)로 간 다음 완자를 빚는다.

3. 소고기육수가 끓기 시작하면 완자를 넣고 다진 마늘 1큰술, 후추 약간, 다진 파를 넣고 끓인다. 완자가 위로 떠오르면 청경채를 넣고 숨이 죽을 정도로 3분 정도 더 끓여 마무리한다.

TIP 소고기 육수 대신 사골 육수, 설렁탕, 소고기무국을 활용해도 좋다.

TIP 기호에 맞게 죽염이나 간장으로 간을 더해도 좋다.

토마토와 채소로 끓여낸 깊고 진한 맛!

감자 없는 감자탕

토마토를 푹 익혀서 녹여내어 진득한 맛과 은은한 산미가 살아있는 감자 없는 감자탕이다. 얼갈이와
깻잎, 팽이버섯을 더해 채소의 시원함을 살리고, 죽염된장으로 마무리해 짜지 않으면서도 감자탕
특유의 구수함을 살렸다. 또한 감자 대신 토마토와 채소를 사용해 탄수화물 부담은 낮추고 식이섬유는
풍부하게 채웠다. 속은 편안하고 맛의 밀도는 충분한 감자탕이다.

기본 재료

- 돼지등뼈 2kg
- 토마토 1kg
- 얼갈이 500g
- 깻잎 50g
- 팽이버섯 2봉지(약 300g)
- 마늘 10쪽
- 죽염된장 2큰술
- 죽염 1큰술

만드는 법

1. 돼지등뼈를 찬물에 담가 1시간 동안 핏물을 뺀다.

2. 토마토와 얼갈이는 반으로 자르고, 팽이도 적당히 찢어 손질하고 깻잎은 6등분한다.

3. 냄비에 등뼈, 토마토, 마늘을 넣고 물을 500㎖ 정도 넣고 뚜껑을 닫아 중불에서 가열하다가 끓으면 약불로 낮추고 충분히 익힌다.
   TIP 저수분 가능 냄비는 물을 200㎖ 넣는다.

4. 고기가 충분히 부드러워질 때 남은 채소를 넣은 다음 죽염된장, 죽염으로 간을 맞추고 한소끔 끓인 후 마무리한다.

향긋한 로메인과 소고기의 만남

로메인 비프

로메인의 신선한 향과 소고기가 만나 씹을수록 고소하고 향긋한 조화가 돋보이는 저탄수 볶음요리다. 버터나 올리브오일에 마늘과 페페론치노를 먼저 볶아내어 오일에 깊은 향을 입힌 뒤, 고기와 로메인을 재빨리 볶아내면 풍미가 한층 살아난다. 죽염과 들기름으로 간을 최소화해도 충분히 맛이 살아 있고, 무엇보다 조리 시간이 짧아 바쁜 아침에도 간편하게 만들 수 있다.

기본 재료

- ⊠ 로메인 200g
- ⊠ 다진 소고기 50g
- ⊠ 버터(또는 올리브오일) 1큰술
  TIP 버터는 이즈니버터 같은 천연 버터를 사용한다.
- ⊠ 다진 마늘 약간
- ⊠ 페페론치노 약간
- ⊠ 죽염 1작은술
- ⊠ 후추 약간
- ⊠ 들기름 약간

만드는 법

1. 로메인은 4~5cm 길이로 자른다.

2. 달군 팬에 버터를 녹이고 다진 마늘, 페페론치노를 넣고 오일에 향이 배도록 중강불에서 익힌다.

3. 다진 소고기를 넣고 강불에 재빨리 익힌 후에 로메인을 넣고 숨이 죽을 때까지 볶은 뒤 죽염으로 간을 맞춘다.
   TIP 강불에 재빨리 익혀야 육즙이 빠져나가지 않아요.

4. 불을 끄고 후추와 들기름을 뿌려 마무리한다.

풍미와 육즙을 가득 머금은

토마호크 스테이크

두툼한 토마호크 스테이크는 보는 순간 포만감을 주는 메뉴다. 마리네이드된 고기에 버터를 더해 겉은 바삭하고 속은 촉촉하게 구워내면 고기의 깊은 풍미가 살아난다. 레스팅 과정까지 거치면 고기 육즙이 고르게 퍼져 부드러운 식감을 완성할 수 있다. 여기에 구운 가지, 아스파라거스, 방울토마토를 곁들이면 균형 잡힌 한 접시가 완성된다. 저탄수 다이어트 식단에도 좋지만 홈파티의 메인 요리로 손색없는 스테이크다.

기본 재료

- 토마호크 1개(400~500g)
- 죽염 1큰술
- 후추 1작은술
- 냉압착 엑스트라 버진 올리브오일 2큰술
- 버터 100g
  TIP 버터는 이즈니버터 같은 천연버터를 사용한다.
- 통마늘 10쪽
- 아스파라거스 2줄기
- 가지 ½개
- 방울토마토 5개

만드는 법

1. 토마호크는 키친타월을 이용해서 앞뒷면의 피를 닦아준다.

2. 토마호크에 죽염과 후추를 고루 뿌리고 올리브오일을 바른 뒤 손으로 잘 문질러 마리네이드한다.

3. 30분~1시간 정도 비닐로 덮어 둔다.

4. 달군 팬에 버터를 올리고 토마호크를 넣어 강한 불에서 한 면이 구워지면 뒤집어 굽는다. 불을 낮추고 1분에서 1분 30초가량 뒤집어가면서 안쪽까지 구워준다.

5. 다 익으면 살짝 데워진 접시에 올린 다음 뚜껑을 덮고 5~15분 정도 충분히 래스팅한다.
   TIP 고기의 육즙이 고르게 퍼지도록 휴지시키는 과정으로, 더욱 부드러운 식감을 즐길 수 있다.

6. 올리브오일을 두른 팬에 아스파라거스, 가지, 방울토마토, 통마늘을 넣고 구워서 스테이크와 곁들여 먹는다.

된장족발

진한 된장과 향신 재료로 푹 삶아낸 이 족발은 콜라겐과 단백질이 풍부하면서도 탄수화물은 거의 없는, 제대로 된 저탄수 별미다. 죽염된장과 죽염간장이 고기에 은은한 구수함을 더해주고, 팔각회향의 향긋함이 잡내를 잡아 깔끔하고 깊은 풍미를 완성한다. 일반 간장 조림 족발보다 부담이 덜하고 담백해서 안심하고 즐길 수 있다. 특히 들기름 향 솔솔 나는 새우젓 소스와 함께 먹으면 감칠맛이 배가되어 훌륭한 한 끼가 된다.

기본 재료

- 돼지 앞발 1개
- 양파 1개
- 대파 2개
- 생강 2쪽
- 팔각회향 3개
- 죽염된장 3큰술
- 죽염간장 1컵
- 죽염 1큰술

소스 재료

- 새우젓 2큰술
- 고춧가루 2큰술
- 들기름 1큰술
- 통깨 1큰술

만드는 법

1. 돼지 앞발은 찬물에 2시간 정도 담가 핏물을 뺀다.

2. 양파, 대파, 생강은 깨끗이 씻고 손질해서 적당한 크기로 썬다.

3. 핏물 뺀 돼지 앞발을 큰 솥에 넣은 다음 양파, 대파, 생강, 팔각회향, 죽염된장, 죽염을 넣은 뒤 재료가 충분히 잠길 정도로 물을 붓고 센 불에 삶는다.

4. 끓기 시작하면 중불로 줄인 다음 죽염간장을 1컵 붓고 1시간 30분~2시간 정도 삶는다.

5. 충분히 삶아지면 고기를 꺼내어 식힌다.

6. 식힌 후에 뼈에서 고기를 발라내고 얇게 썰어 접시에 담는다.

7. 소스 재료 를 잘 섞어서 소스를 만들어 족발에 곁들인다.

돼지갈비찜

양파의 단맛이 진하게 우러난 돼지갈비찜이다. 양파를 바닥에 깔고 뭉근히 익히면 자연스럽게
소스처럼 녹아들며 고기에 감칠맛을 더해준다. 단호박과 당근은 단맛을 더하면서도 식이섬유와
베타카로틴까지 챙겨줘 건강에도 안성맞춤이다. 설탕 한 스푼 없이도 충분히 달콤한 이 찜요리는
다이어트 중에도 부담 없이 즐길 수 있는 단백질 보충식이다.

기본 재료

- 돼지갈비 900g
- 양파 450g
- 단호박 1개(400g)
- 당근 1개
- 죽염간장 2큰술
- 죽염 ½큰술
- 후추 약간

만드는 법

1. 돼지갈비를 1시간 정도 물에 담가 핏물을 뺀다.

2. 양파를 손질해 얇게 썬다.

3. 단호박과 당근을 먹기 좋은 크기로 자른다.

4. 바닥이 두꺼운 냄비에 양파를 깔고 돼지갈비를 올린다.

5. 중불에서 1시간 정도 익힌다.
   TIP 중간에 한 번만 뒤적인다.

6. 양파가 충분히 뭉개지면 단호박과 당근을 넣고 죽염간장과 죽염, 후추로 간을 맞춘 뒤 단호박과 당근이 익을 때까지 조린다.

꽈리고추 삼겹

꽈리고추의 은은한 매콤함과 삼겹살의 고소함이 어우러져 입맛을 돋우는 요리다. 파기름에 삼겹살을 볶아 깊은 풍미를 낸 뒤, 화이트와인으로 잡내를 잡고 고추의 향긋함을 더하면 감칠맛이 제대로 살아난다. 설탕 대신 알룰로스로 단맛을 살리고 들기름과 통깨로 마무리해 고소함까지 더했다. 포만감이 있어 밥 없이도 든든하게 즐길 수 있는 한 접시이다.

기본 재료

- ⌘ 삼겹살 600g
- ⌘ 올리브오일 2큰술
- ⌘ 대파 1대
- ⌘ 꽈리고추 40개
- ⌘ 홍고추 1개
- ⌘ 화이트와인 1큰술
- ⌘ 간장 2큰술
- ⌘ 알룰로스 1작은술
- ⌘ 들기름 ½큰술
- ⌘ 통깨 약간

만드는 법

1. 꽈리고추는 씻어서 꼭지를 떼어 2등분하고 홍고추, 대파는 어슷 썬다. 삼겹살은 3cm 길이로 썬다.

2. 달군 팬에 올리브오일을 두르고 대파를 넣어 약불에 1분간 볶아서 파기름을 만든다.

3. 삼겹살을 넣고 센 불에서 3분간 볶은 뒤 화이트와인 을 넣고 5분간 더 볶는다.
   TIP 와인을 넣으면 잡내를 없앨 수 있다.

4. 꽈리고추와 홍고추를 넣고 센 불에서 1분간 더 볶 는다.

5. 삼겹살이 익으면 간장과 알룰로스를 넣고 한 번 더 볶 은 다음 불을 끄고 들기름과 통깨를 넣은 후 버무려 마무리한다.

삼겹살 된장구이와 영양부추무침

짭조름하고 구수한 된장 양념에 졸인 삼겹살에 상큼한 영양부추무침을 곁들여 한결 산뜻하게 즐길 수 있는 저탄수 별미 메뉴다. 통삼겹을 바삭하게 구운 뒤 된장과 간장, 알룰로스를 넣고 졸여 감칠맛을 살렸다. 함께 곁들인 영양부추무침은 발사믹식초와 고춧가루로 새콤하게 무쳐내어 삼겹살의 느끼함을 잡아준다.

기본 재료

- 통삼겹살 400g
- 양파 1개
- 홍고추 1개
- 청고추 1개
- 대파 30cm
- 다진 마늘 1큰술
- 죽염간장 1큰술
- 죽염된장 1큰술
- 알룰로스 2큰술
- 후추 1작은술

영양부추무침 기본 재료

- 영양부추 50g
- 양파 ⅓개
- 통깨 약간

영양부추무침 양념 재료

- 죽염간장 2큰술
- 고춧가루 1큰술
- 발사믹 식초 1큰술
- 알룰로스 1큰술
- 들기름 1큰술

만드는 법

1. 삼겹살은 6~7cm 두께로 썰고, 영양부추와 양파 1개는 삼겹살과 비슷한 크기로 썰고, 양파 ⅓개는 얇게 채 썬다. 고추와 대파는 0.8cm 크기로 짤막하게 썬다.

2. 센 불로 달군 팬에 삼겹살을 노릇하게 앞뒤로 굽는다.

3. 삼겹살이 어느 정도 구워지면 두껍게 썬 양파, 고추, 대파를 넣고 한 번 볶은 다음 다진 마늘, 죽염간장, 죽염된장, 알룰로스, 물(½컵)을 넣고 약한 불로 졸여 충분히 익힌 후 후추를 뿌린다.

4. 무침 양념 재료 를 섞어 무침양념을 만든다.

5. 볼에 영양부추와 얇게 채 썬 양파, 양념을 넣고 섞은 후에 마지막에 통깨를 뿌려서 삼겹살에 곁들인다.

토닭토닭

토마토의 산뜻한 감칠맛과 닭고기의 담백함이 어우러진 '토닭토닭'은 이름처럼 우리 몸을 건강하게
채워주는 따뜻한 요리이다. 푹 끓인 토마토가 육수처럼 녹아들어 별다른 육수 없이도 깊은 맛을
내고, 부드럽게 익은 단호박과 당근이 포만감과 영양까지 더해준다. 죽염간장과 된장으로 간을 맞춰
구수하고 깔끔한 뒷맛을 살렸으며 자극적이지 않아 속에 부담이 없다.

기본 재료

- 완숙 토마토 4개
- 토막 닭 1팩(500g)
- 단호박 ½개
- 당근 1개
- 죽염된장 1큰술
- 죽염간장 1큰술
- 죽염 1작은술
- 후추 약간

만드는 법

1. 잘 씻은 토마토를 절반으로 가르고 단호박과 당근은 한입 크기로 썰어준다.

2. 토막 닭은 잘 씻어 찬물에 30분간 담가 핏물을 제거한다.

3. 바닥이 두꺼운 냄비에 토마토와 닭을 넣은 다음 물 1컵을 부어주고 중불로 가열하다가 끓기 시작하면 약불에 1시간 정도 끓인다.

4. 냄비에 단호박과 당근을 넣고 죽염, 죽염간장, 죽염된장으로 간을 맞추고 단호박과 당근이 익을 때까지 끓이다가 후추를 뿌린 뒤 불을 끄고 완성한다.

대구 순살 파피요트

레몬과 허브 향이 은은하게 감도는 대구 파피요트는 포일 속에서 재료 본연의 맛과 수분을 고스란히
지켜낸 프랑스식 저탄수 요리다. 마와 애호박, 아스파라거스 같은 가벼운 채소에 고단백 대구살을
더해 포만감은 있지만 부담은 없다. 화이트와인과 버터가 어우러진 증기로 천천히 익힌 덕에 생선은
퍽퍽하지 않고 촉촉하게 완성된다. 접시에 담기 전까지 향이 봉인돼 있다가 한 번에 터지는 그 순간을
즐겨보자. 홈 브런치나 특별한 날의 메인 요리로도 잘 어울린다

기본 재료

- 대구 순살 300g
- 마 100g
- 애호박 ½개
- 아스파라거스 4줄
- 방울토마토 3개
- 레몬 1개
- 딜(또는 타임) 약간
- 로즈마리 약간
- 버터 1큰술
  TIP 버터는 이즈니버터 같은 천연버터를 사용한다.
- 화이트와인 3큰술
- 올리브오일 1큰술
- 죽염 1큰술
- 후추 약간

만드는 법

1. 마와 애호박은 0.5cm 두께로 썰고 레몬은 1/2개를 얇게 썬다. 아스파라거스는 한 입 크기로 썬다.

2. 나머지 레몬 ½개는 레몬즙을 낸다.

3. 대구살에 레몬즙, 죽염 ½큰술, 후추, 올리브오일을 넣어 밑간한다.

4. 종이포일을 깔고 대구 순살, 마, 애호박, 아스파라거스, 레몬 슬라이스, 방울토마토를 넣은 뒤 버터, 로즈마리, 딜을 올린 다음 화이트와인, 죽염 ½큰술, 후추를 뿌린다.

5. 종이포일을 맨 위에 뚜껑처럼 덮고 가장자리를 잘 접어서 완전히 밀봉한다.

6. 180도로 예열한 오븐에서 10분가량 굽는다.
   TIP 오븐 대신 찜기를 사용해도 된다.

순두부 프리타타

달걀과 순두부, 생연어가 어우러진 이 프리타타는 부드럽고 촉촉한 식감이 돋보이는 고단백 한 끼다.
단단한 두부 대신 순두부를 사용해 입안에서 사르르 녹는 듯한 부드러움이 살아 있고, 연어와 채소의
영양이 그대로 담겨 있어 반찬 없이도 영양 밸런스가 뛰어나다. 채소를 볶아 깊은 풍미를 더하고,
죽염으로 간을 맞춰 자극 없는 깔끔한 맛을 완성했다. 바쁜 아침에도 부담 없이 먹기 좋으며 주말
브런치로 근사하게 즐겨도 좋다.

기본 재료

- 달걀 2개
- 순두부 ¼팩
- 생연어 100g(또는 닭가슴살)
- 시금치 50g
- 느타리버섯 20g(또는 새송이버섯)
- 양파 ¼개
- 파프리카 ¼개
- 올리브오일 1큰술(또는 천연버터)
- 죽염 1작은술
- 후추 약간

만드는 법

1. 시금치, 느타리버섯, 양파, 파프리카와 순두부를 적당한 크기로 썬다.

2. 생연어(또는 닭가슴살)를 적당한 크기로 자른다.

3. 달걀을 잘 풀고 후추, 죽염으로 간을 한다.

4. 달군 팬에 올리브오일을 두르고 채소와 생연어(또는 닭가슴살)를 넣어 볶는다.

5. 달걀물을 붓고 순두부를 넣은 후에 뚜껑을 덮고 낮은 불로 익힌다.

저탄수 식단으로 체지방만 6kg 감량,
불면증·고혈압과도 작별!

건강 전문가이지만 정작 내 건강은 챙기지 못했어요

약국에서 일하다 보면 바쁜 틈틈이 간식을 입에 넣는 것이 습관이 되었어요. 처음에는 '이 정도쯤이야.'라고 생각했지만, 어느 순간부터 옷 사이즈가 점점 커지고, 체중계 숫자가 오를 때마다 신경이 쓰이기 시작했습니다. 이대로는 안 되겠다는 생각이 들었어요. 그러던 중 더퍼플다이어트를 접하게 되었습니다.

> **김소연(45세, 약사)**
> - **몸무게:** 63.1 → 56.1kg(7kg 감량)
> - **체지방률:** 32.9 → 26.2%(6kg 감량)
> - **골격근률:** 32.3 → 35%
> - **건강 증진 효과:** 혈압 안정화, 불면증 개선, 피부 탄력 개선

사실 처음에는 반신반의했어요. 다이어트라고 하면 굶거나, 엄청난 운동을 해야 하는 힘든 과정이라고 생각하게 되는데 더퍼플다이어트는 제 예상과는 전혀 다른 방식이었으니까요.

좋아하는 음식을 마음껏 먹는 다이어트

황해연 약사님의 더퍼플다이어트는 고기와 채소를 마음껏 먹을 수 있고, 배고프면 더 먹어도 된다는 점이 가장 신기했어요. 저는 아침을 먹지 않고 점심 한 끼를 고기와 채소 위주로 든든하게 먹었어요. 약국에서 직접 냄비 하나로 간단하게 조리해서 먹었죠. 가장 자주 먹은 것은 버섯, 청경채, 애호박, 양파를 듬뿍 넣고, 그

위에 차돌박이를 얹어 찐 다음 죽염된장을 조금 곁들인 요리였어요. 소스는 다양하게 활용했어요. 땅콩버터, 발사믹 식초, 올리브오일, 저당 쌈장, 새우젓 등으로 변화를 주면서 먹으니 질리지 않았지요. 고기, 청경채, 양파 등을 듬뿍 넣고 끓인 된장찌개도 즐겨 먹었어요. 버터에 달걀, 토마토, 양배추 등 채소를 듬뿍 넣고 볶은 다음 모차렐라치즈를 녹여서 먹기도 했고요. 매일 죽염수 2ℓ를 열심히

마셨는데 이 죽염수가 피부 탱탱함을 유지하는 데 일등공신이라고 생각해요.

입이 심심할 때는 빵이나 과자 대신 버터, 사골국, 아메리카노, 죽염수를 마셨어요. 가끔 외식을 할 때도 드레싱 없이 채소부터 먼저 먹고, 탄수화물은 최대한 피했고요. 이렇게 식단을 조절하니 자연스럽게 체중이 줄어들기 시작했습니다.

2개월 만에 7kg 감량! 체지방은 무려 6kg 감소

저탄수 식단을 본격적으로 시작한 2024년 3월부터 5월까지 단 2개월 동안 체중이 7kg 빠졌어요. 무엇보다 체지방만 6kg이 줄었다는 점이 가장 놀라웠습니다. 그리고 근육 비율은 더 높아져 '건강하게 빠지고 있구나.'라는 확신이 들었어요.

전에는 다이어트를 하면 피부가 처지거나 얼굴이 핼쑥해지는 경우가 많았지만 저탄수 식단을 하니 오히려 피부 탄력이 좋아졌어요.

죽염수 2ℓ를 매일 마셨고, 콜라겐 영양제를 꾸준히 섭취했어요. 덕분에 피부에 주름이 생기는 현상 없이 탄력 있는 상태로 체중을 감량할 수 있었답니다. 무엇보다 혈압이 안정되었다는 점이 가장 기뻤어요. 항상 경계 수준(138~140mmHg)에서 유지되던 혈압이 120대로 내려갔고, 맥박도 100에서 70으로 정상화되었어요.

불면증이 사라지고 자신감도 생겼어요

체중이 줄어든 것만큼이나 신체적으로도, 정신적으로도 많은 변화가 있었어요.

첫째, 불면증이 사라졌습니다. 이전에는 잠을 자도 깊이 못 자거나, 자주 깨는 경우가 많았어요. 하지만 저탄수 식단을 한 이후로 숙면을 취하는 날이 많아졌고, 아침에 일어나면 개운한 기분이 들었어요.

둘째, 기분이 좋아졌어요. 살이 빠지고 몸이 가벼워지니, 자연스럽게 기분도 밝아졌습니다. 아침마다 인바디를 재고 거울을 보며 변해가는 제 모습을 확인하는 것이 하루를 시작하는 작은 즐거움이 되었어요.

셋째, 주변의 반응이 달라졌어요. 약국에 오는 고객들이 먼저 변화를 알아봤습니다.

"약사님, 요즘 더 예뻐지신 것 같아요!"

"피부가 몰라보게 좋아지셨는데, 어떤 영양제 드세요?"

"저도 다이어트 해볼까 하는데 조언 좀 해주세요!"

이런 반응 덕분에 자신감도 생기고 건강 상담을 할 때 더 신뢰를 줄 수 있었어요.

'다이어트=스트레스'라고 여겼던 제게 더퍼플다이어트가 희망을 줬어요

전에는 다이어트가 곧 스트레스였지요. 그런데 더퍼플다이어트는 좋아하는 고기와 채소를 맘껏 충분히 먹을 수 있어서 좋았습니다. 그렇게 먹으면서 살이 빠질 수 있다니 정말 놀라웠죠.

저는 그동안 수많은, 정말 다양한 다이어트를 시도해 봤어요. 비만클리닉에서 식욕억제제 등 다량의 약물을 복용해보기도 했고, 유명 다이어트 전문 센터에도 다녔었고, 무작정 적게 먹고 운동하기 등 안 해본 다이어트가 없을 정도였어요. 하지만 모든 다이어트가 저에게는 고통스러운 과정이었죠. 늘 요요로 제자리로 돌아오는 씁쓸한 결과를 마주해야 했고요.

그런데 더퍼플다이어트는 모든 다이어트 중에서 가장 쉬웠어요. 배고픔이 거의 없었기 때문에 힘들다는 느낌도 없었지요.

단기간에 체지방만 6kg 이상 감량한 이후에는 가끔 맥주도 마시고 했는데도 체중이 유지되었어요. 아마도 지방 대사가 열려서 그런 것 같아요.

이제는 저탄수 식단이 편안한 생활습관이 되었어요

현재는 55~57kg을 오가며 체중을 유지 중이에요. 물론 가끔 맥주가 너무 마시고 싶을 때도 있지만 탄산수로 대체하면서 조절하고 있어요.

아직도 매일 아침 체중을 체크하고, 필요하면 1일 1식이나 36시간 단식을 가끔 합니다. 앞으로도 기본적으로는 저탄수 중심의 식단을 이어갈 거예요. 이 식단이 저에게 건강을 가져다 주었기 때문이에요.

처음 저탄수 식단을 하는 분들에게 해주고 싶은 말은 "일단 시작하세요."입니다. 설탕, 밀가루 안 먹는다고 절대 불행해지지 않아요. 단식 하루 한다고 아무 문제 생기지 않습니다. 오히려 더 건강해져요. 제가 저탄수 식이를 성공적으로 유지할 수 있었던 것은 탄수화물 이외에 먹을 수 있는 음식이 충분하고, 절대 배고프지 않기 때문입니다. 저는 이것을 '배부른 다이어트'라고 부르고 싶어요. 배부르게 먹으면서도 건강하게 살을 뺄 수 있는 방법이 있다면, 그걸 마다할 이유가 있을까요? 이 다이어트는 그냥 '살을 빼는 다이어트'가 아니에요. 저에게는 건강과 에너지를 되찾아준 최고의 선택이었어요.

살 빠지는 속도
조절 단계

✗ 속도 조절 단계, 무엇을 어떻게 먹을까?

셋째 주는 신체가 탄수화물 중심의 대사에서 지방 중심의 대사로 완전히 적응하는 시간이다. 문어, 소고기, 차돌박이 등의 고단백 식품을 균형 있게 섭취하며 근육은 살리고 건강한 탄수화물은 조금씩 섭취할 수 있는 단계이다.

보통 3주가 되면 우리 몸은 기존의 탄수화물 연료 체계를 벗어나 지방을 주된 연료로 사용하는 상태에 적응하게 된다. 이 단계를 안정적으로 유지하면 이후 장기적인 대사탄력성을 유지할 가능성이 높아진다.

이 시기에 특히 중요한 것은 자신만의 패턴을 찾는 것이다. 모든 사람의 생활패턴과 신체 반응이 다르므로 자신에게 가장 잘 맞는 식사 시간과 메뉴를 발견하는 것이 중요하다. 이는 자신만의 건강 관리방법을 찾아가는 중요한 시간이다.

지속가능성이 이 단계의 핵심 키워드이다. 현실적으로 지속할 수 있는 식습관을 유지하여 단기간의 다이어트가 아닌, 평생의 건강한 생활습관을 만들어 보자.

✖ 새로운 몸으로 다시 태어난 기쁨을 즐기자

더퍼플다이어트는 단순히 체중을 줄이는 다이어트 방법이 아니다. 지방을 태우는 몸이 되면 다양한 신체적, 정신적 변화를 경험할 수 있다. 우리 몸의 연료 시스템이 새로워졌기 때문이다. 체지방 감소와 근육 유지, 지속적인 에너지 공급, 운동 성능 향상, 식욕 조절, 그리고 인지 기능 개선까지 더퍼플다이어트가 가져오는 효과를 하나씩 자세히 살펴보자.

① 체지방 감소 및 근육 유지

일반적인 탄수화물 기반 다이어트에서는 탄수화물 섭취가 줄어들면 신체는 단백질(근육)을 분해하여 필요한 에너지를 얻으려는 경향이 있다. 하지만 더퍼플다이어트에서는 지방이 주된 연료가 되므로 근육을 보호하면서 체지방을 감량할 수 있다. 또한 이 책에서 제공하는 식단은 단백질 섭취를 적절히 유지하는 식단이기 때문에 근육량을 유지하는 데 더욱 도움이 된다.

② 지속적인 에너지 공급

탄수화물 위주의 식사를 하면 혈당이 급격히 상승하고 이후 다시 급락하는 현상이 반복되면서 에너지가 불안정하게 공급된다. 이 과정은 공복감을 유발하고 피로감을 쉽게 느끼게 만든다.

반면, 더퍼플다이어트는 혈당 변동을 최소화하고 일정한 에너지를 지속적으로 공급하는 데 도움을 준다. 지방은 탄수화물보다 서서히 연소되며, 체내 저장량도 많기 때문에 안정적인 에너지원을 제공할 수 있다. 그 결과, 공복 상태에서도 피로감 없이 집중력을 유지할 수 있으며 하루 종일 활력을 느낄 수 있다.

③ 운동 성능 향상

탄수화물 기반의 에너지는 제한적인데 반해, 지방은 체내에 풍부하게 저장되어 있어 지속적인 에너지원으로 활용할 수 있다. 처음 대사 적응 과정에서는 운동 능력이 일시적으로 저하될 수 있지만, 일정 기간이 지나 적응이 완료되면 신체는 지방을 더욱 효율적으로 연소하는 능력을 갖추게 된다. 이러한 변화는 운동 지속 시간을 늘리고 피로 회복 속도를 높이는 데 도움을 준다.

④ 식욕 조절 및 공복감 감소

완전히 대사탄력성을 회복하면 자연스럽게 식욕을 조절할 수 있다. 탄수화물을 섭취하면 혈당이 급격히 상승한 후 빠르게 떨어지면서 다시 배고픔을 느끼게 된다. 이는 간식이나 추가 식사를 원하게 만드는 원인이 된다. 하지만 더퍼플다이어트는 지방과 단백질을 중심으로 식단을 구성하기 때문에 혈당이 안정적으로 유지되며 공복감이 크게 줄어든다.

또한 지방은 소화되는 속도가 느리고, 포만감을 오래 유지할 수 있도록 돕는다. 그 결과, 자연스럽게 식사량이 줄어들고 간식을 찾는 습관도 개선될 수 있다. 이러한 특성 덕분에 더퍼플다이어트는 의식적인 칼로리 제한 없이도 체중 감량을 유도할 수 있는 효과적인 방법이 된다.

⑤ 인지 기능 향상

더퍼플다이어트의 또 다른 흥미로운 효과는 인지 기능 개선이다. 뇌는 일반적으로 포도당을 주된 연료로 사용하지만, 지방을 주에너지로 사용할 때 생성되는 케톤체는 뇌세포에 보다 안정적인 에너지를 제공하며, 염증을 줄이는 효과도 있는 것으로 알려져 있다. 이러한 변화는 집중력 증가, 정신적 명료함, 기억력 향상 등의 긍정적인 영향을 미친다.

⑥ 16:8 단식, 일상에 정착시키기

2주차까지 24시간 단식을 경험하며 체지방 연소에 박차를 가했다면, 3주차부터는 간헐적 단식을 보다 일상에 자연스럽게 정착시킬 수 있도록 16:8 단식법을 유지해보자.

✕ 셋째 주 다이어트 식단 예시

셋째 주 다이어트 식단이야말로 우리가 앞으로 계속 표준으로 삼아야 할 메뉴로 가득하다. 나는 오랜 시간 약이 아닌 음식을 처방하며 음식의 치유 효과를 연구해왔다. 평생 스스로 내 몸을 치유하고 건강을 유지하고 살 수 있는 방법은 음식 재료가 가진 유효 성분을 최대화하는 것이다.

셋째 주 식단에는 생청국장까나페, 순두부카프레제, 애호박오믈렛, 문어비빔물회 등 체지방 감량은 물론이고 건강까지 챙길 수 있는 다양한 저탄수화물 레시피를 가득 담았다.

	1일	2일	3일	4일	5일	6일	7일
1식	토마토 마리네이드, 파히타	관전 세비체	황태 무굴국, 순두부 곤약밥채밥	순두부 카프레제, 당근라페	타이 칠리비프	맥적	파히타
2식	차돌 된장찌개	불 없이 만드는 연어피자	두부 부르스케타	토마토소스 가지피자	애호박 오믈렛	순두부 카프레제	차돌 된장찌개

✕ 다이어트 3주 프로그램 이후, 이것만은 지키자

다이어트는 '프로그램'보다 '생활'이 중요하다. 집중적인 다이어트 프로그램을 마치고 몸의 흐름이 바뀌었다면 이제는 체중을 유지하고 건강한 몸을 오래도록 지켜내는 단계에 접어들게 된다. 중요한 건 '지속 가능한 일상'을 만드는 것이다. 다음은 바로 그 일상을 설계하는 데 꼭 필요한 실전 수칙이다.

① 공복 시간은 기본 체질을 바꾼다

하루 중 최소 14시간 이상 공복을 유지하자. 공복 시간 동안 체내 인슐린 수치는 낮아지고, 지방 연소는 자연스럽게 활성화된다. 특히 잠자기 전 5시간을 공복 상태로 유지하면 수면의 질이 좋아지고, 야식에 의한 지방 축적도 막을 수 있다.

② 하루 두 끼, '어떻게' 먹느냐가 핵심이다

하루 두 끼 식사를 기본으로 한다. 두 끼 중 한 끼는 저탄수 식단으로 충분히 먹고, 다른 한 끼는 일반식을 섭취하되 배부르게 먹지 않는다. 특히 첫 끼에 단백질을 충분히 섭취하면 식욕을 조절하고 과식을 방지하는 데 도움이 된다. 부실한 끼니는 허기를 불러일으킨다. 그 허기는 종종 간식으로 이어져 하루의 식사 리듬을 무너뜨린다. 허전해서 간식을 먹는 것보다 끼니를 든든하게 먹는 것이 더 나은 선택이다.

③ 정제 탄수화물만 집중된 메뉴는 가급적 피하자

저녁 약속의 메뉴는 크게 제한하지 않지만 인스턴트 식품이나 밀가루 같은 정제 탄수화물 위주로 구성된 메뉴는 가급적 피하자. 또한 시판 과일주스, 콜라, 액상과당이 들어간 음료는 마시지 않는다. 반찬을 메인으로 삼고, 밥은 반찬처럼 곁들여 먹는 습관도 중요하다.

유연성을 가지고 더 나은 선택을 하는 것도 중요하다. 떡볶이가 먹고 싶다면 떡 대신 순대 내장을 소스에 찍어 먹고, 햄버거를 먹을 땐 빵 한 쪽은 버리고 감자튀김은 피하자. 이러한 유연함은 스트레스를 줄이고 지속 가능성을 높인다. 먹고 싶은 음식을 너무 참으면 음식에 대한 집착이 생겨 폭식으로 이어진다.

④ 탄수화물과 지방을 함께 많이 먹지 않는다

탄수화물과 지방을 함께 많이 섭취하면 체지방으로 직행할 확률이 높다. 따라서 둘 모두를 많이 먹는 것은 피하자.

⑤ 탄수화물과 지방을 과하게 먹은 날에는 1일 1식으로 조절하자

만약 외식이나 회식 등으로 탄수화물과 지방을 많이 먹은 날이라면, 다음 끼니를 과감히 줄이고 하루 한 끼만 먹는 방식으로 균형을 맞춘다. 공복 시간이 깨진 균형을 회복시켜 줄 것이다.

⑥ 소스는 똑똑하게 선택하라

소스를 완전히 배제한 식사는 스트레스를 유발하고 지속 가능성을 떨어뜨린다. 소스를 먹되 설탕이 많이 든 소스는 피하고 건강한 양념(발사믹식초, 간장, 고추기름 등)으로 만든 소스를 활용해 맛있게 먹자. 맛있게 먹어야 오래 갈 수 있다.

⑦ '입 터짐'을 막기 위해 건강한 간식을 조금씩 먹자

무조건 간식을 끊는 대신, 건강한 간식을 조금씩 자주 먹는 것이 입 터짐을 예방하는 전략이다. 구운 견과류, 채소, 두부칩, 닭가슴살칩, 김 같은 고단백 저탄수 간식을 곁에 두자. 그러나 인스턴트 간식이 너무 당길 때는 아예 저탄수 요리를 해서 한 끼를 먹는 것이 차라리 낫다.

⑧ 저염식·무염식은 하지 않는다

무염식이나 지나친 저염식은 오히려 만성 탈수를 유발하고 신진대사가 둔화되어 지방 분해를 방해한다. 건강한 짠맛은 몸에 필요하다.

⑨ 공복감이 느껴진다면 죽염수 한 컵을 마시자

허기가 느껴진다면 일단 죽염수 한 잔을 마셔보자. '진짜 배고픔'인지를 구분하는 이 습관이 우리 몸의 균형을 지키는 데 큰 도움이 될 것이다.

다이어트는 '몸을 아는 훈련'이다. 집중 프로그램이 끝났다고 모든 노력이 끝난 것은 아니다. 오히려 지금부터가 진짜 시작이다. 무리하지 않으면서도 꾸준히 실천 가능한 '생활 속 루틴'으로 전환하자. 식습관, 수면, 14시간 이상 공복 유지, 탄수화물 조절, 스트레스 관리까지 작지만 분명한 습관들이 당신의 평생 건강과 아름다움을 지켜줄 것이다.

사실 이 프로그램은 다이어트라기보다는 내 몸의 언어를 이해하는 과정이다. 습관이 체질이 되고, 그 체질이 결국 당신을 만든다. 평생 내 몸을 지키는 나만의 방식을 설계하는 이 과정이 주는 선물은 '내 몸을 대하는 태도'이다. 나만의 방식으로 내 몸을 지켜가는 삶을 꾸준히 이어가자.

온기처럼 따뜻한 한 그릇

황태 무굴국

황태와 굴, 순두부가 어우러진 부드럽고 속이 편안한 저탄수 국물 요리이다. 무와 황태를 푹 끓여낸 국물은 맑지만 깊은 감칠맛을 자랑하고 굴이 들어가 바다의 풍미가 더해져 한층 시원하다. 여기에 단백질이 풍부한 순두부를 넣어 따뜻하게 즐기면 몸과 속이 동시에 풀리는 느낌이다. 입맛 없을 때나 가볍고 든든한 한 끼가 필요할 때 특히 잘 어울린다.

기본 재료

- 황태 1마리
- 무 100g
- 굴 200g
- 순두부 1봉
- 대파 ¼대
- 다진 마늘 약간
- 죽염간장 2큰술
- 죽염 1꼬집
- 후추 약간
- 들기름 1큰술

만드는 법

1. 황태는 머리와 뼈를 제거하고 살을 발라낸다.

2. 무는 1cm 두께, 4cm 길이로 썰고 대파는 어슷 썬다.

3. 굴은 옅은 소금물에 흔들어 씻는다.

4. 냄비에 황태와 무를 넣고 물 1ℓ를 넣고 푹 끓인다.

5. 국물이 충분히 우러나오면 다진 마늘, 순두부, 굴, 대파, 후추를 넣고 죽염간장, 죽염으로 간을 맞춰 끓인다. 먹기 직전 들기름을 뿌린다.

저탄수 찌개의 정석

차돌 된장찌개

기름기 적당한 차돌박이가 된장국물에 푹 스며들어 입안 가득 구수한 감칠맛을 선사하는 된장찌개다. 죽염된장을 사용해 자극 없이 깔끔한 맛이 살아 있고, 고춧가루와 마늘이 더해져 칼칼한 맛이 은은하게 배어 있어 온 가족이 언제든 즐기기 좋다. 애호박과 느타리버섯, 두부가 더해져 채소와 단백질의 균형도 뛰어나다. 특히 차돌에서 우러나온 고소한 육즙이 국물에 자연스럽게 배어들어 깊은 맛을 내는 것이 포인트다. 바쁜 날에는 이 찌개 한 그릇으로 든든한 한 끼를 해결해도 충분하다.

기본 재료

- ⊠ 차돌박이 200g
- ⊠ 죽염된장 4큰술
- ⊠ 애호박 180g
- ⊠ 양파 100g
- ⊠ 느타리버섯 80g
- ⊠ 두부 200g
- ⊠ 대파 ½대
- ⊠ 청고추 1개
- ⊠ 홍고추 1개
- ⊠ 고춧가루 1큰술
- ⊠ 다진 마늘 1큰술

만드는 법

1. 애호박은 반으로 가른 뒤 손톱 크기 정도로 ¼등분한다. 양파도 애호박과 비슷한 크기로 썰어주고 대파와 청·홍고추는 어슷 썬다. 느타리버섯은 결대로 찢는다. 두부는 애호박과 비슷하게 손톱 크기 정도로 썬다.

2. 냄비에 물 1ℓ를 붓고 죽염된장을 풀어 끓어오르면 차돌박이를 넣는다.

3. 끓으면 애호박, 양파, 느타리버섯, 고춧가루, 다진 마늘을 넣고 5분간 더 끓인다.

4. 마지막에 두부, 고추, 대파를 넣고 한소끔 끓인 후 불을 끈다.

부드러운 영양 밥상

순두부 곤약밥채밥

곤약밥과 카무트, 밥채가 어우러진 이 요리는 탄수화물 부담은 줄이면서도 고소한 곡물의 식감과
영양은 그대로 살린 저탄수 영양밥이다. 쌀의 양은 최소화하고 밥알곤약으로 포만감을 더했으며
순두부를 얹어 마무리해 부드럽고 든든하다. 뜸을 들이는 동안 순두부가 밥에 자연스럽게 스며들어
별다른 반찬 없이도 한 그릇이 완성된다. 특히 죽염으로만 간을 맞춰 속이 편하다. 담백하게 먹고 싶은
날이나 소화에 부담 없는 건강식을 원할 때 먹으면 좋다.

기본 재료

- ⌗ 쌀 ½컵
- ⌗ 밥알곤약 200g
- ⌗ 카무트 2큰술
- ⌗ 밥채 1큰술
- ⌗ 순두부 1팩
- ⌗ 죽염 1작은술

TIP 밥채는 쉽게
섭취하기 힘든 채
소 14종을 선별하
여 정성스럽게 건
조시킨 건조 채소
이다.

만드는 법

1. 쌀과 카무트를 1시간 가량 불린다.

2. 밥알곤약, 쌀, 카무트, 밥채, 죽염을 냄비나 솥에 넣고
   물을 재료보다 약 1cm 올라오게 넣은 다음 강불에서
   밥을 짓는다.

3. 강불에서 끓기 시작하면 불을 약불로 줄이고 순두부
   를 슬라이스하여 올린 뒤 뜸을 들인다.

1

2

3

타이 칠리비프

상큼한 레몬과 매콤한 청양고추, 액젓의 짭조름한 풍미가 어우러진 칠리비프는 동남아 감성을 그대로 느낄 수 있는 이색 요리이다. 다진 고기 두 가지를 섞어 풍미를 살리고, 향신 재료를 볶아낸 기름에 다시 한 번 버무려내 깊고 풍부한 맛을 끌어올렸다. 밥이나 빵 대신 버터헤드 레터스에 싸 먹으면 깔끔하고 담백해 다이어터에게 안성맞춤이다. 디핑소스는 감칠맛을 더하면서도 기름지지 않아 뒷맛까지 깔끔하다. 간단하지만 손님상에도 잘 어울리는 한입 요리이다.

기본 재료

- ⊠ 다진 쇠고기 200g
- ⊠ 다진 돼지고기 200g
- ⊠ 올리브오일 2큰술
- ⊠ 들기름 1큰술
- ⊠ 청양고추 1개
- ⊠ 다진 생강 1작은술
- ⊠ 다진 마늘 1큰술
- ⊠ 알룰로스 1작은술
- ⊠ 액젓 1작은술
- ⊠ 레몬제스트 1작은술
- ⊠ 레몬즙 1작은술
- ⊠ 다진 대파 2큰술
- ⊠ 버터헤드 레터스 1개

고기밑간 재료

- ⊠ 죽염 ½작은술
- ⊠ 후추 ½작은술

디핑소스 재료

- ⊠ 청양고추 1개
- ⊠ 죽염간장 4큰술
- ⊠ 액젓 1작은술
- ⊠ 알룰로스 1작은술
- ⊠ 레몬즙 1작은술
- ⊠ 들기름 1큰술
- ⊠ 올리브오일 1큰술

만드는 법

1. 소고기, 돼지고기에 고기밑간 재료 를 넣고 섞어 밑간을 한다.

2. 청양고추 1개는 는 다지고 1개는 송송 썬다.

3. 팬을 달군 후 올리브오일을 두르고 고기를 볶아준다.

4. 고기가 다 익으면 기름을 따라낸 후에 들기름을 두르고 다진 청양고추, 다진 생강, 다진 마늘, 알룰로스를 넣고 30초간 볶는다.

5. 송송 썬 청양고추와 나머지 디핑소스 재료 를 잘 섞어 소스를 만든다.

6. 액젓, 레몬제스트, 레몬즙, 다진 대파를 넣고 볶은 후에 버터헤드 레터스 안에 담고 먹기 전에 소스를 뿌린다.

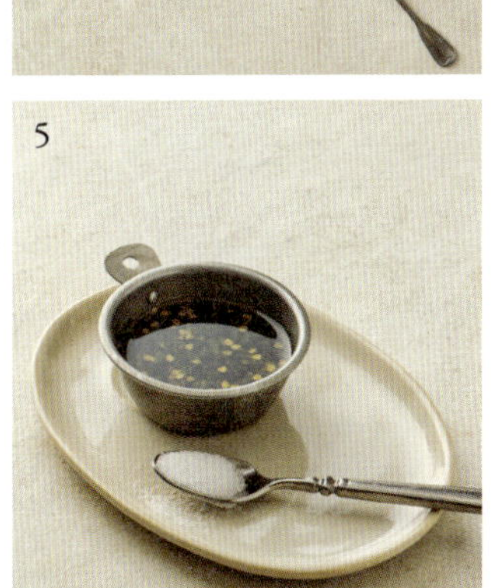

맥적

죽염된장 양념에 재운 목살을 노릇하게 구워낸 맥적은 고소하고 짭조름한 풍미가 깊은 저탄수 메뉴이다. 칼집을 넣어 양념이 속까지 배어든 목살은 부드럽고 촉촉하며 부추와 양파를 발사믹식초와 액젓으로 무쳐낸 부추무침이 느끼함을 잡아준다. 발효된장의 구수함과 들기름의 고소함이 어우러져 입에 착 붙으며 밥 없이도 포만감 있는 한 끼가 가능하다.

기본 재료

- 돼지고기 목살 400g
- 영양부추 1줌
- 양파 ½개
- 올리브오일 1큰술
- 들기름 1큰술

된장양념 재료

- 죽염된장 1+½큰술
- 죽염간장 1큰술
- 알룰로스 1작은술
- 청주 1큰술
- 다진 마늘 1큰술
- 깨소금 1큰술
- 후추 약간
- 들기름 약간

부추무침 양념장 재료

- 고춧가루 1큰술
- 액젓 1작은술
- 발사믹식초 약간
- 들기름 약간

만드는 법

1. 돼지고기 핏물을 닦고 칼집을 넣는다.

2. 된장양념 재료 를 섞어 양념을 만든다.

3. 고기에 된장양념을 발라서 30분 이상 재워 둔다.

4. 영양부추는 먹기 좋은 길이로 자르고 양파는 얇게 채 썰고 물에 담가 매운기를 뺀다.

5. 팬에 올리브오일을 두르고 고기를 올려 앞뒤로 노릇하게 굽는다.

6. 부추무침 양념장 재료 를 골고루 섞어서 양념장을 만든다.

7. 영양부추와 물기를 제거한 양파채에 양념장을 넣어 무친다.

8. 구운 맥적에 부추무침을 곁들여 낸다.

토마토소스 가지피자

피자가 먹고 싶을 때 굳이 참지 않아도 된다. 바삭하게 구운 가지 위에 수제 토마토소스와 치즈를 얹어 구워낸 이 요리는 밀가루 없이도 맛있게 즐길 수 있는 저탄수 피자이다. 통째로 끓여 만든 토마토소스는 깊고 진한 풍미를 더하고 블랙올리브와 양송이, 양파가 어우러져 씹을수록 감칠맛이 배가된다. 가지는 구워서 수분을 날려 쫀득하면서도 바삭한 식감을 살렸고 모차렐라치즈는 위에서 녹아내려 입맛을 자극한다.

기본 재료

- 가지 1개
- 모차렐라치즈 100g
- 양송이버섯 40g
- 양파 ⅕개
- 블랙올리브 1큰술
- 올리브오일 1큰술

토마토소스 재료

- 토마토 10개
- 마늘 20개
- 바질 50g
- 올리브오일 ½컵
- 죽염 ½큰술
- 후추 약간

TIP 토마토소스 1.5ℓ 정도의 분량으로 냉장고에 보관하여 여러 요리에 활용하자.

만드는 법

1. 두꺼운 냄비에 토마토, 마늘, 바질을 넣고 물을 1컵 넣고 뚜껑을 닫아 약한 불에 1시간 끓여준다.
   TIP 토마토는 통째로 넣는다. 빠르게 조리하려면 적당히 잘라 넣어도 좋다. 냄비가 얇다면 중간중간 저어준다.

2. 재료들이 다 뭉개지면 식혀서 블렌더로 간다.

3. 간 재료들을 냄비에 다시 넣고 올리브오일, 죽염, 후추를 넣고 중불에 한소끔 끓여 토마토소스를 완성한다.
   TIP 스프처럼 먹어도 되고 소스로 사용해도 된다. 소스로 사용 시에는 좀 더 걸쭉하게 만든다.

4. 가지를 납작하게 편으로 1cm 두께로 썰고 양송이도 얇게 썬다. 양파는 잘게 썬다.

5. 팬에 올리브오일을 두르고 열이 오르면 가지를 중불에 앞뒤로 노릇하게 구워준다.

6. 구운 가지 위에 토마토소스를 바르고 양송이, 양파, 블랙올리브를 적당히 올리고 모차렐라치즈를 올린 후에 뚜껑을 덮고 약불로 치즈가 녹을 때까지 익혀준다.

애호박오믈렛

부드러운 달걀 속에 양배추, 애호박, 닭가슴살 등 영양이 꽉 들어찬 애호박오믈렛은 아침 한 끼로도,
가벼운 다이어트 식사로도 안성맞춤이다. 채소는 순서대로 볶아 식감이 살아 있고, 모차렐라치즈와
바질이 더해져 고소함과 향긋함을 동시에 살렸다. 아몬드밀크를 살짝 넣은 달걀물 덕분에 식감이
부드럽고 토마토소스를 살짝 곁들이면 상큼한 풍미가 더해져 물리지 않게 먹을 수 있다. 팬 하나로
간편하게 만들 수 있는 데다 균형 잡힌 영양까지 챙길 수 있는 완성도 높은 저탄수 메뉴다.

기본 재료

- 달걀 2개
- 아몬드밀크 1작은술
- 수비드 닭가슴살 50g
- 양파 ¼개
- 양배추 1장
- 애호박 ¼개
- 바질 1장
- 슈레드 모차렐라치즈 1큰술
- 버터 1큰술
  TIP 버터는 이즈니버터 같은 천연버터를 사용한다.
- 올리브오일 2작은술
- 죽염 약간
- 후추 약간
- 수제 토마토소스 1작은술
  (193쪽 참조)

만드는 법

1. 양파, 양배추, 애호박, 닭가슴살, 바질은 가늘게 채를 썬다.

2. 볼에 달걀 2개를 풀고 아몬드밀크, 죽염, 후추를 넣고 섞어준다.

3. 약한 불로 달군 팬에 버터를 넣고 '양파 → 양배추 → 애호박 → 닭가슴살' 순으로 볶다가 죽염, 후추로 간을 한다.

4. 중약불로 달군 팬에 올리브오일을 두른 다음 달걀물을 붓고 80% 정도 익었을 때 ③을 올려주고 잘게 썬 바질과 슈레드 모차렐라치즈를 같이 올려준다.

5. ④를 반으로 접어 그릇에 담고 수제 토마토소스를 곁들인다.

불 없이 만드는 연어피자

노오븐, 노팬 조리로도 충분히 근사한 이 연어피자는 두부또띠아를 바삭하게 구운 뒤 생연어와
크림치즈, 루꼴라를 얹어 만드는 초간단 저탄수 피자다. 크림치즈의 부드러움과 생연어의 촉촉함,
루꼴라의 향긋함이 입안에서 조화를 이루고, 발사믹글레이즈와 레몬즙이 상큼한 마무리를 해준다.
일반 도우 대신 두부또띠아를 사용해 탄수화물을 확 줄였고, 단백질과 건강한 지방이 풍부해 브런치나
간단한 저탄수 한 끼로 안성맞춤이다.

기본 재료

- 두부또띠아 2장
- 생연어 100g
- 크림치즈 100g
- 루꼴라 50g
- 적양파 ⅓개
- 레몬즙 2큰술
- 발사믹글레이즈 1큰술
- 그라나빠다노 치즈 50g
- 후추 약간

만드는 법

1. 생연어는 얇게 썰고, 적양파는 채 썬다.

2. 두부또띠아를 달궈진 팬에 기름 없이 앞뒤로 살짝 데운다.

3. 또띠아에 크림치즈를 바르고 썰어 놓은 생연어와 적양파를 올린다.

4. 레몬즙과 후추를 뿌린다.

5. 루꼴라를 올린 뒤 발사믹글레이즈를 뿌린 뒤 그라나빠다노 치즈를 치즈 강판으로 갈아서 올려준다.

캐슈넛의 고소함과 두부의 담백함 가득!

비건치즈

크리미한 질감의 비건치즈는 캐슈넛을 베이스로 사용해 견과 특유의 지방감이 살아 있고, 두부를 더해 단백질 함량을 높이면서도 맛은 가볍고 깔끔하다. 여기에 레몬즙과 레몬제스트가 치즈 특유의 느끼함을 잡아주고 은은한 산미가 맛의 균형을 맞춘다. 아몬드밀크를 사용해 부드럽게 갈아내면 바르기 좋은 질감의 스프레드형 치즈가 완성되며 샐러드 토핑, 또띠아, 비건 피자, 크래커와 함께 즐기기 좋다. 유제품을 사용하지 않아 소화 부담이 적고, 식물성 지방과 단백질을 동시에 섭취할 수 있어 비건 식단이나 저탄수 식단에 활용하기 좋다.

기본 재료

- ✗ 캐슈넛 120g
- ✗ 두부 120g
- ✗ 아몬드밀크 50mℓ
- ✗ 레몬즙 1큰술
- ✗ 레몬제스트 약간
- ✗ 죽염 1작은술

만드는 법

1. 푸드프로세서에 모든 재료를 넣고 곱게 간다.
   TIP 일주일에서 보름 정도 냉장보관할 수 있다.

파히타

닭, 소고기, 새우를 모두 담은 이 파히타는 채소, 그리고 과카몰리까지 한 접시에 꽉 채운 저탄수 고단백 플레이트다. 각 재료는 죽염으로 심플하게 간하고 구워내 담백하고, 부드러운 아보카도 과카몰리와 비건치즈가 고소함과 상큼함을 더한다. 두부 또띠아를 사용해 탄수화물은 낮추었고 기호에 따라 그릭요거트나 땅콩버터까지 곁들이면 영양도 맛도 균형이 완벽하다. 다 함께 모여 원하는 재료를 싸서 먹는 재미도 있어 손님상 메뉴로도 안성맞춤이다.

기본 재료

- 소고기 등심 130g
- 닭가슴살 200g
- 새우 10마리
- 파프리카 2개
- 양파 1개
- 올리브오일 적당량
- 버터 약간
- 죽염 1작은술
- 후추 약간
- 두부 또띠아 4~6장
- 비건치즈 적당량(198쪽 참조)
- 땅콩버터(또는 그릭요거트)
  3~4큰술

과카몰리 재료

- 아보카도 2개
- 토마토 1개
- 양파 1개
- 레몬즙 1큰술
- 올리브오일 1큰술
- 죽염 약간

만드는 법

1. [과카몰리 재료]의 양파 1개와 토마토는 잘게 다진다.

2. 아보카도는 껍질을 까서 으깬 후 레몬즙 1큰술, 올리브오일 1큰술, 죽염 약간, 그리고 다진 양파와 토마토를 함께 섞어 과카몰리를 만든다.

3. 새우는 죽염, 후추를 뿌리면서 버터나 올리브오일로 살짝 구워준다.

4. 등심은 죽염, 후추, 올리브오일로 간을 한 뒤 팬에 노릇하게 구워 먹기 좋게 자른다.

5. 닭가슴살도 등심과 같은 방법으로 구워 준비한다.

6. 양파 1개, 파프리카는 0.5cm 굵기로 썰어서 팬에 올리브오일을 두르고 죽염으로 간을 하면서 볶는다.

7. 넓은 접시에 새우, 등심, 닭가슴살과 양파, 파프리카를 돌려가며 담고 과카몰리, 비건치즈, 땅콩버터 등을 소스로 곁들인다. 살짝 데운 두부또띠아에 싸서 먹는다.

2

3, 4, 5

6

7

토마토 문어 비빔물회

잘 익은 토마토를 갈아 만든 상큼한 양념에 쫄깃한 자숙문어와 아삭한 채소, 해초면을 비벼 먹으면 입안 가득 시원 함이 퍼진다. 고추장 대신 저당 고추장과 화이트발사믹식초를 활용해 깔끔하고 산뜻한 맛을 살렸고 들기름으로 은은한 고소함을 더했다. 포만감이 충분한 해초면에 각종 채소가 더해져 식이섬유도 듬뿍 챙길 수 있다. 무거운 한 끼가 부담스러운 날이나 한여름에 입맛이 없을 때도 토마토 문어 비빔물회 한 그릇이면 기분까지 한결 개운해진다.

기본 재료

- 토마토 2개
- 자숙문어 300g
- 해초면 1봉
- 양배추 ⅛개
- 오이 ½개
- 당근 ¼개
- 양파 ¼개
- 깻잎 10장
- 통깨 약간

  TIP 생문어일 경우, 밀가루로 바락바락 주물러 씻은 뒤 데쳐서 사용한다.

양념 재료

- 저당 고추장 2큰술
- 화이트발사믹식초 3큰술
- 레몬즙 1큰술
- 죽염간장 1큰술
- 고춧가루 1큰술
- 알룰로스 1작은술
- 다진 마늘 1작은술
- 들기름 ½큰술

만드는 법

1. 양배추, 양파, 오이, 당근은 0.3cm 두께로 채 썰고, 깻잎은 세로로 반 자른 후 1cm 폭으로 썬다. 자숙문어는 먹기 좋은 크기로 썬다.

2. 토마토는 사방 2cm 정도로 썬 다음 양념 재료와 함께 믹서에 넣고 곱게 갈아준다.

3. 해초면은 찬물에 헹구고 물기를 뺀다.

4. 그릇에 썰어 놓은 채소와 문어, 해초면을 담고 양념을 부은 후 통깨를 뿌려 마무리한다.

관전 세비체

관자와 전복, 아보카도와 라임이 만나면 상큼하면서도 감칠맛 넘치는 세비체가 완성된다. 살짝 데친 해산물과 채소, 과일을 버터레터스에 떠넣어 한입에 쏙 들어가는 깔끔한 구성이 매력이다. 라임즙과 제스트, 고수로 풍미를 더한 드레싱이 재료를 산뜻하게 감싸주며 죽염으로 간을 맞춰 자극 없이 즐길 수 있다. 탄수화물은 거의 없고 단백질과 건강한 지방, 섬유소는 충분해 마음껏 즐길 수 있는 럭셔리 한입 메뉴로, 브런치나 손님상에도 손색없다.

기본 재료

- 관자 3개
- 전복 1개
- 아보카도 ½개
- 방울토마토 4개
- 적양파 ¼개
- 오이 ¼개
- 버터레터스 ½개

드레싱 재료

- 라임 ½개
- 고수 약간
- 죽염 약간
- 후추 약간

만드는 법

1. 전복의 껍질을 제거하여 내장과 입을 제거하고 칫솔로 문질러 깨끗하게 씻어준다.

2. 전복과 관자를 끓는 물에 넣어 살짝 데친다.

3. 방울토마토, 적양파, 오이, 아보카도를 사방 0.8cm 크기로 썰어준다.

4. 라임의 겉껍질을 필러로 살짝 긁어내 제스트를 만들고 과육은 즙을 낸다.

5. 익힌 전복은 얇게 저며주고, 관자도 전복과 크기를 맞추어 얇게 썰어준다.

6. 볼에 라임즙, 라임제스트, 다진 고수, 죽염, 후추를 넣고 섞어 드레싱을 만든다.

7. 버터레터스를 제외한 모든 재료에 드레싱을 넣고 버무린다.

8. 버터레터스에 세비체를 1~2숟가락씩 떠 넣는다.

입안에서 녹아내리는 부드러움

순두부 카프레제

모차렐라 대신 순두부를 넣은 이 카프레제는 상큼한 토마토, 크리미한 아보카도, 향긋한 바질이 어우러진 저탄수 샐러드다. 발사믹 소스가 새콤달콤한 포인트를 더해주며 식감이 풍부해 한 접시만으로도 충분히 만족감 있는 한 끼가 가능하다. 브런치나 식전 애피타이저로도 좋고, 바쁜 날엔 간단한 한 끼 대용으로도 훌륭하다. 마지막에 채 썬 바질을 올리면 특유의 향이 퍼져 이탈리안 감성이 한층 살아난다.

기본 재료

- 순두부 1팩
- 토마토 1개
- 아보카도 2개
- 바질 잎 30g
- 올리브오일 2큰술
- 발사믹글레이즈 2큰술
- 죽염 ¼작은술
- 후추 ¼작은술

만드는 법

1. 토마토와 순두부를 원형으로 0.8cm 두께로 썬다.

2. 아보카도를 반으로 갈라 씨를 제거한 후 껍질을 벗기고 0.8cm 두께의 반달모양으로 썬다.

3. 접시에 토마토, 바질 잎, 순두부, 아보카도를 돌려가며 예쁘게 담고 올리브오일, 죽염, 후추, 발사믹글레이즈를 뿌린다.
   TIP 바질 잎은 채 썰어서 올려도 좋다.

발효의 깊이와 채소의 신선함이 가득한 한입 요리

생청국장 까나페

진한 발효향의 생청국장을 상큼한 레몬제스트와 매실액으로 부드럽게 만들고 아보카도와 토마토를 곁들여 엔다이브 위에 얹으면 한입에 즐기는 건강 요리가 완성된다. 청국장의 구수한 맛은 크리미한 아보카도와 상큼한 토마토 덕분에 가볍게 중화되고, 엔다이브의 쌉싸름한 식감이 입맛을 깔끔하게 정리해준다. 유산균과 식이섬유, 건강한 지방까지 모두 담겨 있어 가벼운 아침식사는 물론, 애피타이저로도 어울린다.

기본 재료

- 생청국장 200g
- 매실액 1큰술
- 레몬제스트 1큰술
- 아보카도 1개
- 방울토마토 10~15개
- 엔다이브 1개

만드는 법

1. 아보카도는 껍질을 벗긴 뒤 0.5cm 두께로 썰고, 방울 토마토는 ¼등분한다. 엔다이브는 밑동을 자른 다음 하나씩 잎을 떼어낸다.

2. 생청국장 200g에 매실액 1큰술, 레몬제스트 1큰술을 넣어 섞는다.

3. 엔다이브 위에 ②와 아보카도, 방울토마토를 얹는다.

토마토 마리네이드

껍질을 벗긴 방울토마토에 애플사이다비니거와 발사믹 식초를 더해 상큼하게 절인 이 마리네이드는 입맛 없을 때 딱 좋은 가벼운 저탄수 반찬이다. 한입 베어 물면 톡 터지는 토마토의 식감과 다진 양파의 알싸한 풍미가 어우러져 깔끔한 맛을 선사한다. 바질의 향긋함과 올리브오일의 고소함이 은은하게 감돌며, 냉장고에 하루 숙성시키면 감칠맛이 한층 깊어진다. 샐러드처럼 먹어도 좋고 고기 요리 곁들임 반찬으로도 잘 어울리는 활용도 높은 메뉴이다.

기본 재료

- ⌧ 방울토마토 20~25개
- ⌧ 양파 ½개

양념 재료

- ⌧ 애플사이다비니거 2큰술
- ⌧ 발사믹식초 ½큰술
- ⌧ 올리브오일 2큰술
- ⌧ 다진 바질 ½작은술
- ⌧ 죽염 ¼작은술

만드는 법

1. 방울토마토는 꼭지 반대편을 열십자로 칼집을 내고 양파는 다진다.

2. 끓는 물에 방울토마토를 넣어 5초간 데치고 찬물에 담근다.
   TIP 찬물에 담그면 껍질이 쉽게 벗겨져요.

3. 데친 방울토마토는 칼집 낸 부위의 껍질을 잡아 벗긴다.

4. 큰 볼에 양념 재료를 넣고 섞은 후 방울토마토, 다진 양파를 넣어 버무린다.

5. 밀폐용기에 담아 냉장실에서 하루 숙성시킨 다음 먹는다.

당근라페

잘게 채 썬 당근에 레몬즙과 홀그레인머스타드, 올리브오일을 버무리기만 하면 완성되는 당근라페는 간단하지만 상큼함이 돋보이는 저탄수 반찬이다. 죽염과 후추로만 간을 하여 재료 본연의 맛을 살렸고, 머스타드의 톡 쏘는 풍미가 입맛을 개운하게 해준다. 섬유질이 풍부한 당근을 생으로 섭취할 수 있어 포만감도 좋다. 고기 요리 곁들임 반찬이나 저탄수 샌드위치 속 재료 등으로 다양하게 활용 할 수 있다. 하루 숙성한 뒤 먹으면 맛이 더 잘 배어들어 맛있다.

기본 재료

- ⊠ 당근 1개
- ⊠ 레몬즙 1큰술
- ⊠ 홀그레인머스타드 1큰술
- ⊠ 올리브오일 5큰술
- ⊠ 죽염 ½작은술
- ⊠ 후추 약간

만드는 법

1. 당근은 잘 씻어 껍질째 사용한다.

2. 당근을 채칼로 얇게 채를 썬다.

3. 채 썬 당근에 올리브오일, 레몬즙, 죽염, 후추, 홀그레 인머스타드를 넣고 잘 섞어준다.

두부 브루스케타

바삭하게 구운 삼각 두부 위에 당근라페와 볶은 가지, 양송이를 얹은 두부 브루스케타는 탄수화물 없이도 충분히 만족스러운 저탄수 핑거푸드이다. 죽염으로 밑간해 구운 두부는 겉은 바삭하고 속은 촉촉해 베이스로 손색이 없으며, 채소 토핑은 식감과 향, 영양을 고루 갖췄다.

각 재료를 따로 볶아 풍미를 살린 뒤 정성스럽게 올리면 보기에도 깔끔하고 맛도 정돈된 브런치나 애피타이저가 된다. 당근라페의 새콤한 맛이 느끼함을 잡아주고, 파슬리나 고수를 더하면 전체적인 향이 한층 살아난다.

기본 재료

- 마른 두부 ½모
- 가지 ¼개
- 양송이버섯 2개
- 당근라페 ½컵(212쪽 참고)
- 죽염 ½작은술
- 죽염간장 1작은술
- 올리브오일 적당량

선택 재료

- 파슬리 또는 고수 적당량

만드는 법

1. 마른 두부를 사방 3cm 크기의 정육면체로 자른 후 다시 대각선으로 잘라서 삼각기둥 모양으로 손질한다. 삼각기둥 윗면에 칼집을 넣고 죽염을 골고루 뿌린다.
   TIP 0.5cm~1cm 정도 남기고 칼집을 넣는다.

2. 팬에 올리브오일을 두르고 약불에서 두부를 골고루 구워서 겉은 바삭하게 속은 부드럽게 익힌다.

3. 가지와 양송이는 얇게 채 썰고 죽염간장으로 양념해서 조물조물 무친다.

4. 팬에 올리브오일을 두르고 가지와 양송이를 각각 볶는다.

5. 잘 구워진 두부의 칼집에 당근라페, 가지, 양송이를 각각 넣어 마무리한다.
   TIP 파슬리나 고수를 잘게 썰어서 위에 올려도 좋다.

아이 둘 키우며 6개월 만에 7kg 감량,
운동 없이 식단만으로 가능했어요!

두 아이 엄마, 저탄수 식단으로 체지방 7kg 감량에 성공하다

두 아이를 출산하고 나니 몸이 예전 같지 않았어요. 첫째를 낳고 나서도, 둘째를 낳고 나서도 '이번에는 꼭 예전 몸매로 돌아가야지.' 하며 여러 번 다이어트를 시도했어요. 절식도 해보고 운동도 병행해 봤지만 돌아온 건 요요 현상과 끝없는 피로감뿐이었지요.

이런 경험이 반복되다 보니, 다이어트 자체에

> **권세나(42살, 약사)**
> - **키**: 163cm
> - **몸무게 감량**: 64 → 57kg(7kg 감량)
> - **체지방**: 7kg 감량
> - **건강 증진 효과**: 피부 붓기 감소, 피부톤 개선, 에너지 상승, 불면증 개선, 자신감 상승

점점 회의감이 들었습니다. '나는 원래 살이 찌는 체질인가?', '아이를 낳았으니 이제 어쩔 수 없는 걸까?' 하는 생각까지 들었죠. 그렇게 다이어트를 반쯤 포기하고 있었을 때, 우연히 황혜연 약사님의 더퍼플다이어트 식단을 접하게 되었어요. 식단만으로도 체지방을 효과적으로 감량할 수 있다니 놀라웠지요.

저는 원래 먹는 걸 좋아하는 사람이에요. 무조건 먹는 양을 줄이거나, 배고픔을 참는 다이어트는 오래 지속할 수 없었습니다. 그래서 더퍼플다이어트를 시작할 때도 '내가 좋아하는 음식을 포기해야 하는 거 아닐까?', '배고픔을 견디지 못하면 어떻게 하지?' 하는 걱정이 많았어요. 그런데 배고프지 않게, 먹고 싶은 걸 충분히 먹으면서도 체중이 감량되니, 정말 이런 다이어트가 있구나 싶었지요.

저는 하루 1~2식을 원칙으로 했고, 가능하면 18시간 공복 유지를 실천했어요. 하지만 두 아이를 챙기다 보니, 24시간 이상의 간헐적 단식을 실천하는 건 어려웠죠. 그래서 엄격한 규칙을 세우기보다는 유연하게 조절하면서 나만의 리듬을 찾았어요.

식단의 핵심은 탄수화물을 최소화하고, 고기와 채소를 듬뿍 먹는 거였어요. 한 끼를 먹더라도 충분히 만족할 만큼 먹었어요. 집에서 채소고기찜을 해서 죽염만 뿌려 먹거나 간장에 찍어 먹었어요. 간편하고 맛도 좋아서 가장 자주 해 먹은 것 같아요. 종종 생협 순댓국도 사서 먹고, 사골국이나 황태국도 자주 먹었어요.

요즘은 내 식단을 따로 챙기기보다는 아이들 밥을 해주면서 밥만 빼거나 탄수화물이 많이 함유된 반찬만 빼고 먹는 방식으로 유지하고 있어요. 집밥을 자주 하다 보니 간식이 줄었고 외식은 거의 안 했어요. 떡이나 빵은 거의 먹지 않았고요.

무엇보다 더퍼플다이어트를 하면서 가족들 식사가 많이 건강해졌어요. 아이들 집밥은 탄수화물을 일부러 빼진 않았지만 자연스럽게 비중이 줄었고, 양질의 고기와 채소를 입맛에 맞추어 늘려 주었지요.

고기를 먹는 게 힘들지 않냐고 하는 분들이 있는데, 탄수화물을 뺀 만큼 단백질이나 지방을 보충하는 거여서 힘들지 않아요. 사골국이나 황태국 등 다양한 메뉴로 단백질 섭취를 할 수 있기도 하고요. 올리브오일을 샐러드에 추가해서 먹거나 견과류를 챙겨 먹으면서 지방 섭취를 유지하니 고기 먹는 양이 그렇게 많지도 않아요.

죽염수는 매일 2ℓ씩 마셨어요. 수분을 충분히 섭취하니까 확실히 좋더라고요. '전에는 내가 물을 충분히 안 먹었었구나.' 하는 것도 알게 되었어요. 수분 자체가 늘 모자랐다는 걸 그제야 깨달은 거죠.

이렇게 실천하니 초반 2~3주는

몸이 저탄수 식단에 적응하는 시간이 필요했어요. 그 이후로는 운동은 따로 거의 안 했는데도 매주 몇백 그램씩 감량되었고, 2~3개월이 지나자 몸이 눈에 띄게 가벼워졌다는 걸 분명히 느낄 수 있었어요. 그렇게 결국 체지방 7kg 감량에 성공했답니다.

몸이 달라지고, 컨디션이 좋아졌어요

더퍼플다이어트를 하면서 느낀 가장 큰 변화는 '몸이 가벼워지는 느낌'이었어요. 신기하게 체중이 줄어들면서 에너지가 넘치고 컨디션이 좋아졌습니다.

약국일도 해야 하고 애들도 돌봐야 해서 늘 피곤했는데 피곤함이 싹 사라졌어요. 숙면을 취할 수 있게 되었고, 전반적인 컨디션이 눈에 띄게 좋아졌어요.

에너지가 생기니 운동할 마음도 생기더라고요. 초반에는 운동을 병행할 에너지가 없었어요. 하지만 식단을 바꾸면서 점점 몸이 건강해지고 자연스럽게 운동도 하고 싶어졌어요. 전에는 억지로 운동을 했는데 이제는 몸이 가벼우니까 움직이고 싶은 기분이 들더라고요. 이전 건강 상태가 60점이었다면, 지금은 80~90점으로 올라온 기분이에요. 사실 저탄수 식단을 하기 전에도 건강하다고 생각했는데, 지금 돌아보니 그때 몸이 안 좋았다는 걸 알게 됐어요. 80점이 되어봐야 60점이었다는 걸 알게 되더라고요.

붓기가 사라지고, 피부가 맑아졌어요

피부에도 눈에 띄는 변화가 생겼어요. 과거에는 아침마다 얼굴이 붓는 게 당연했죠. 특히 전날 저녁에 라면이나 떡 같은 탄수화물 위주의 음식을 먹으면 다들 아시다시피 다음 날 얼굴이 퉁퉁 붓게 되죠. 그런데 저탄수 식단을 하면서 붓기가 사라졌어요. 얼굴이 또렷해 보이고, 피부톤도 확실히 밝아졌고요. 그때 깨달았지요. 탄수화물을 많이 먹으면 수분을 체내에 붙잡고 있어서 붓기가 더 심해진다는 것을요. 라면을 먹으면 소금 때문에도 그렇지만 면 때문에 붓는 거였어요. 지금은 얼굴에 붓기가 싹 빠졌어요.

남편이 가장 먼저 제 변화를 알아봤어요. "몸매가 대학생 때처럼 변했어.", "뱃살,

허릿살이 싹 빠지니까 완전히 달라졌어."라고 말해주더라고요. 나이 들수록 더 예뻐질 일이 없잖아요. 주변 사람들로부터 "예뻐졌다.", "10년은 젊어진 것 같다."라는 말을 들을 때마다 정말 보람 있었고, 기분이 날아갈 것 같았어요. 이렇게 변화를 확연히 느끼면서 다이어트를 하니까 식습관을 바꾸는 게 더 수월했던 것 같아요.

다이어트 코치가 된 약사

처음에는 엄격하게 탄수화물을 제한하며 인슐린 저항성을 회복하는 것이 중요했어요. 시간이 지나면서 유연하게 탄수화물을 조절하며 유지하는 방식으로 바뀌었죠. 가끔 외식할 때 밥을 조금 먹기도 하지만, 이제는 대사가 회복되어 탄수화물에 과하게 반응하지 않게 되었어요.

과거에는 다이어트를 '언젠가 끝내야 하는 것'이라고 생각했어요. 하지만 저탄수 식단을 해보니, 이건 다이어트가 아니라 건강한 삶의 방식이라는 걸 깨달았습니다.

더퍼플다이어트로 삶의 질이 달라지고 보니, 많은 사람들이 저와 같은 경험을 하면 좋겠다는 생각을 했어요. 저는 지금 저탄수 다이어트를 널리 알리며 더퍼플다이어트 코치로 활동하고 있습니다.

코칭을 하다 보면 처음에 대사 이론을 이해할 때까지는 반신반의하지만, 몸의 대사를 이해하고 다이어트 원리를 이해한 분들은 끝까지 흔들림 없이 자기만의 방법을 찾아서 꾸준히 지속하세요. 그럴 때 가장 보람을 느끼죠. 결국 다이어트의 성패를 가르는 것은 의지가 아니라 '이해'예요. 몸의 대사를 이해하고, 나에게 맞는 식단 리듬을 찾게 되면 다이어트는 더 이상 버려야 할 과제가 아니라 자연스러운 일상이 된답니다.

탄수화물이 그리울 때 즐기는
저탄수 간식과 음료

✕ 전략적 휴식이 필요한 순간, 간식의 역할을 다시 생각하다

식단 관리를 하다 보면 누구나 한 번쯤은 간식을 참을 수 없는 순간을 맞는다. 문제는 이때다. 무작정 참기만 하면 보상 심리가 커지고, 그 끝은 대개 폭식이다. 다이어트에서 간식은 실패의 원인이 아니라, 오히려 식단을 오래 끌고 가기 위한 '전략적 휴식'이 될 수 있다. 저탄수 간식과 음료는 엄격한 식단 사이사이에 숨을 고를 수 있도록 설계된 안전장치다. 탄수화물은 최소화하고 단백질과 좋은 지방으로 채워 대사를 흔들지 않으면서도 마음의 허기를 달래주는 역할을 한다.

여기서는 바삭한 식감으로 스트레스를 풀어주는 구운 견과류, 두부과자, 오후의 에너지를 채워주는 두부셰이크와 저탄수 카페라떼 같은 레시피를 담았다. 특히 구운 견과류는 저탄수 식단을 지탱해 주는 든든한 조력자다. 단순히 배고플 때 집어먹는 간식이 아니라, 식단의 균형을 잡아주고 다이어트의 지속력을 높여주는 핵심 재료에 가깝다. 이 간식들을 '보상'이 아닌 '조절'의 수단으로 활용해 보자.

✖ 참는 다이어트에서 벗어나는 가장 현실적인 방법

다이어트를 시작하면 많은 사람이 가장 먼저 간식을 끊는다. 하지만 입 심심함과 단맛에 대한 욕구를 무시한 다이어트는 오래가지 못한다. 우리가 원하는 것은 사실 음식 그 자체가 아니라, 바삭하게 씹히는 식감과 기분을 전환해 주는 작은 즐거움일지도 모른다. 그래서 나는 무조건 참는 방식 대신, 몸에 부담을 주지 않는 재료로 즐거움을 채우는 방법을 제안한다.

관점을 바꾸면 선택지는 달라진다. 아몬드 가루와 땅콩버터는 밀가루의 빈자리를 대신하고, 알룰로스와 과일의 자연스러운 단맛은 설탕 없이도 충분한 만족감을 준다. 특히 두부나 치즈를 활용한 고단백 간식은 허기를 달래는 동시에 포만감을 오래 유지해 준다. 이제 간식 시간은 예외가 아니라, 저탄수 식단의 연장선이다. 다이어트라는 긴 여정 속에서, 다시 앞으로 나아갈 힘을 보충하는 현실적인 전략이 된다.

주의할 것은, 알룰로스 같은 대체 당을 사용해도 강한 단맛에 반복적으로 노출되면 뇌는 계속 더 센 자극을 요구한다. 이는 식단의 질을 무너뜨리는 요인이 된다. 그래서 알룰로스나 과일 등 단맛을 내는 것들은 적절하게 이용하는 것이 좋다.

구운 견과류

생캐슈넛이나 피칸, 호두를 물에 불린 뒤 천천히 말리고 저온에서 구워내면, 영양은 그대로 살리면서 소화는 훨씬 편한 홈메이드 구운 견과류가 완성된다. 불리는 과정은 견과 속 항영양소인 피틴산을 줄여 흡수율을 높이고, 로스팅 과정은 고소한 맛을 끌어올려 준다. 오븐이 없어도 전기팬으로 충분히 만들 수 있고, 간식이나 샐러드 토핑, 요리 고명 등 다양하게 활용할 수 있다는 점도 큰 장점이다. 한 번에 넉넉히 만들어 두면 건강한 저탄수 간식을 간편하게 챙길 수 있다.

기본 재료

- 생호두나 생피칸 500g

만드는 법

1. 생 견과류를 물에 2시간 정도 담가 둔다.

2. 이물질을 잘 씻어 건져낸 후 하룻밤 또는 10시간 이상 말린다.

3. 수분이 빠진 견과류를 오븐에 100도로 1시간~1시간 30분 정도 구워준다.

   TIP 전기팬을 사용할 경우, 전기팬에 종이포일을 깔고 견과류를 넣어 120도에서 3시간 정도 중간중간 뒤집어 가면서 구워준다. 굽는 시간은 견과류의 말림 정도에 따라 차이가 있을 수 있다.

두부과자

냉동과 해동 과정을 거쳐 수분을 쏙 뺀 두부를 얇게 썰어 바삭하게 구워낸 두부과자는 밀가루 없이도 즐길 수 있는 바삭한 고단백 간식이다. 삼각형 모양으로 썰어낸 두부를 팬에 올리브오일을 둘러 약불에서 천천히 구우면 겉은 바삭, 속은 쫀득한 식감이 살아난다. 죽염으로 간을 최소화해 깔끔하게 즐길 수 있고, 짭조름한 맛 덕분에 자꾸만 손이 간다. 포만감은 높고 탄수화물은 낮아 저탄수 식단 간식으로도, 아이들 영양간식으로도 좋다.

기본 재료

- 두부 1모
- 올리브오일 적당량
- 죽염 1작은술

만드는 법

1. 두부를 냉동실에 얼린 뒤 꺼내어 실온에서 녹인다.

2. 두부를 키친타월로 물기를 제거한 후 두께 0.5cm, 한 변이 3~4cm 정도의 삼각형 모양으로 얇게 썬다.

3. ②번에 죽염을 골고루 뿌린다.

4. 팬에 올리브오일을 두르고 약불에서 두부를 앞뒤로 바삭하게 구워준다.

Snack & Drink

초간단 저탄수 달걀빵

밀가루 없이 만드는 이 달걀빵은 달걀, 채소, 닭가슴살, 치즈를 머핀틀에 담아 구워낸 고단백 저탄수 간식이다. 모차렐라치즈가 바닥에서 고소하게 녹아 바삭함을 더하고, 달걀 위로 애호박과 양파의 은은한 단맛이 살아나 부담 없이 즐길 수 있다. 닭가슴살까지 더해지면 한 조각만으로도 충분히 든든한 간식이 된다. 브런치, 도시락 등 다용도로 활용할 수 있다.

기본 재료

- 양파 1/3개
- 애호박 1/3개
- 닭가슴살 60g
- 녹인 버터 약간
- 모차렐라치즈 6큰술
- 달걀 6개
- 파슬리 가루 약간
- 죽염 1작은술

만드는 법

1. 양파와 애호박을 1cm로 자르고 닭가슴살은 사방 1cm로 자른다.

2. 머핀틀에 녹인 버터를 바르고 모차렐라치즈 각 1큰술을 넣는다.

3. 썰어 놓은 애호박, 양파, 닭가슴살과 죽염을 섞어 머핀틀에 넣는다.

4. 틀에 달걀을 한 개씩 넣고 파슬리가루를 뿌린다.

5. 예열해 놓은 오븐에 넣고 180도에서 15분 구워준다.

Snack & Drink

1
2
4
5

바나나 오트밀 팬케이크

바나나의 자연스러운 단맛과 오트밀의 든든한 식감이 어우러진 이 팬케이크는 아침 식사로도 간식으로도 완벽한 저탄수 메뉴다. 으깬 바나나와 달걀, 오트밀을 갈아 부드러운 반죽을 만든 뒤, 구운 바나나 위에 올려 구우면 겉은 바삭하고 속은 촉촉한 식감이 살아난다. 따로 설탕이나 밀가루를 넣지 않아도 충분히 달콤하고 포만감도 높다. 다만 이 팬케이크에는 바나나가 들어가는 만큼, 달콤한 디저트가 간절해질 때 가끔 한 번씩 욕구를 달래는 보상 디저트로 즐기면 좋겠다.

기본 재료

- 바나나 3개
- 달걀 2개
- 오트밀 1컵
- 버터 약간

만드는 법

1. 바나나 3개의 껍질을 벗겨 그중 1개는 으깨고, 2개는 동그랗게 썬다.

2. 으깬 바나나에 달걀 2개를 넣어 잘 섞고 오트밀 1컵을 넣어 믹서로 간다.

3. 달군 팬에 버터를 두르고 동그랗게 썬 바나나 몇 조각을 깐 뒤, 반죽을 적당량 떠서 바나나 위에 부어준다.

4. 뚜껑을 덮고 중약불에서 잘 익힌 후에 뒤집어서 반대쪽도 익혀 마무리한다.

스트로베리 초콜릿 생크림케이크

바나나와 달걀, 아몬드파우더로 만든 스초생(스트로베리 초콜릿 생크림 케이크)은 밀가루 없이도 촉촉하고 진한 초코 풍미를 살린 저탄수 디저트 케이크이다. 카카오파우더로 깊은 맛을 더하고 견과류를 듬뿍 넣어 씹는 재미와 고소함도 챙겼다. 설탕 없이도 바나나의 단맛 덕분에 부담 없이 즐길 수 있으며 생크림을 휘핑해 샌드하고 딸기를 올려 보기에도 근사한 스페셜 디저트이다. 단, 바나나가 들어가므로 달콤한 디저트가 간절해질 때 가끔 즐기는 게 좋겠다.

기본 재료

- 바나나 4개
- 달걀 4개
- 아몬드파우더 2컵
- 카카오파우더 1컵
- 견과류믹스 2줌
- 무가당 생크림 500㎖
- 딸기 10개
- 미니 사이즈 원형 오븐팬(지름 12cm)

만드는 법

1. 바나나의 껍질을 벗겨 으깨고 달걀 4개를 넣어 섞는다.

2. 1에 아몬드파우더, 카카오파우더, 다진 견과류믹스를 넣고 섞는다.

3. 동그란 베이킹 틀 두 개에 반죽을 나눠 넣고 180도로 예열한 오븐에서 30분 구워 브라우니를 완성한다.

4. 생크림을 차갑게 얼려놓은 볼에 넣고 뾰족하게 뿔처럼 될 때까지 휘핑한다.

5. 식힌 브라우니 위에 휘핑크림을 바르고, 다른 브라우니를 올린다. 케이크 윗면과 옆면에 휘핑한 크림을 골고루 바르고 맨 위에 딸기를 올려준다.

TIP 밑면과 옆면에 종이포일을 두르고 구우면 완성된 브라우니가 잘 떨어진다.

저탄수 땅콩쿠키

밀가루 없이 무가당 땅콩버터와 아몬드파우더로 만든 이 쿠키는 바삭하고 진한 고소함이 돋보이는 저탄수 간식이다. 알룰로스로 단맛은 가볍게, 죽염으로 감칠맛을 더해 입에 착 붙는 균형 잡힌 맛을 낸다. 반죽을 간단히 섞어 오븐에 굽기만 하면 되고, 식히면 더욱 바삭해져 간식이나 티타임 간식으로도 잘 어울린다. 바삭한 식감을 즐기며 단백질과 좋은 지방도 함께 챙길 수 있으니 1석 2조이다. 땅콩버터의 풍미가 좋아 커피나 무가당 아몬드라떼와 함께 즐겨도 좋다.

기본 재료

- ⌧ 무가당 땅콩버터 120g
- ⌧ 아몬드파우더 45g
- ⌧ 달걀 1개
- ⌧ 죽염 1작은술
- ⌧ 알룰로스 1큰술

만드는 법

1. 땅콩버터와 아몬드파우더를 볼에 넣고 골고루 섞는다.

2. ①에 달걀, 알룰로스, 죽염을 넣고 잘 섞는다.

3. 반죽을 원통모양으로 만든 다음 0.8cm 두께로 잘라 준다.

4. 180도로 예열한 오븐에 종이포일을 깔고 반죽을 넣어 20분간 구운 후 식힌다.

Snack & Drink

땅콩버터 아이스크림

바나나의 부드러운 단맛과 땅콩버터의 고소한 풍미가 어우러진 이 아이스크림은 설탕 없이도 충분히 만족스러운 저탄수 디저트이다. 아몬드밀크로 부드러운 질감을 더하고 알룰로스로 단맛을 가볍게 더해 건강하게 즐길 수 있다. 믹서 하나로 손쉽게 만들 수 있고 밀폐용기에 얼리기만 하면 완성되니 누구나 도전할 수 있는 홈메이드 아이스크림이다. 단, 바나나가 들어가므로 시원한 아이스크림이 그리울 때만 한 번씩 즐겨보자.

기본 재료

- 바나나 6개
- 아몬드밀크 200mℓ
- 알룰로스 2큰술
- 무가당 땅콩버터 3큰술

기타 재료

- 죽염 1작은술

만드는 법

1. 바나나, 아몬드밀크, 알룰로스, 땅콩버터를 믹서에 넣어 간다.

2. 믹서로 간 재료를 밀폐용기에 담고 냉동실에 넣어 얼린다.

3. 얼린 아이스크림을 아이스크림 스쿱으로 동그랗게 퍼서 그릇에 담는다.
   TIP 약간의 죽염을 토핑처럼 올려서 곁들이면 풍미가 훨씬 좋아진다.

두부셰이크

두부, 땅콩버터, 아보카도, 삶은 달걀까지 고단백·고지방 완전식품만을 모아 만든 이 셰이크는 바쁜 아침에 식사 대용으로 안성맞춤인 저탄수 에너지 드링크이다. 두부의 담백함에 땅콩버터의 고소함이 더해져 맛은 부드럽고 깊다. 여기에 아몬드밀크를 활용해 아침에도 부담 없이 잘 넘어간다. 죽염을 넣어 맛의 밸런스를 맞췄고 혈당 부담 없이 오래도록 포만감을 유지할 수 있다.

기본 재료

- 두부 1모
- 유기농 땅콩버터 2큰술
- 무가당 아몬드밀크(또는 무가당 두유) 200㎖
- 아보카도 ½개
- 삶은 달걀 1개
- 죽염 1작은술

만드는 법

1. 두부, 땅콩버터, 아몬드밀크(또는 두유), 아보카도, 삶은 달걀, 죽염을 믹서에 넣고 간다.

   TIP 아보카도 없이 고소하게 즐겨도 좋다.

   TIP 채 썬 오이·당근을 두부셰이크에 곁들여서 먹거나 시판 해초면, 우무묵 등을 곁들여 먹으면 포만감 있는 한 끼가 된다.

초코 바나나셰이크

바나나의 자연스러운 단맛과 무가당 코코아파우더의 쌉싸름함이 어우러진 이 셰이크는 달콤하면서도 진한 풍미를 자랑하는 저탄수 식단 음료이다. 캐슈넛이 더해져 부드러운 질감과 고소함을 더했고 아몬드밀크 베이스라 한 잔만으로도 든든하다. 위에 얹은 카카오닙스는 씹는 재미와 함께 쌉싸름하고 부드러운 초콜릿의 풍미를 더해준다. 간단한 아침 대용이나 에너지 부스터로도 훌륭하다. 단, 바나나가 들어가므로 저탄수 식단 초기에는 단 음료가 당길 때 적절하게 즐기자.

기본 재료

- 바나나 1개
- 무가당 코코아파우더 2큰술
- 캐슈넛 5개
- 아몬드밀크 1컵
- 카카오닙스 2큰술

만드는 법

1. 바나나는 껍질을 벗겨 적당한 크기로 썬다.

2. 믹서에 바나나, 코코아파우더, 캐슈넛, 아몬드밀크를 넣고 간다.

3. 잔에 담고 카카오닙스를 토핑으로 올린다.

부드럽게 채우는 초록 영양

말차셰이크

말차의 은은한 쌉쌀함과 아보카도의 부드러운 고소함이 어우러진 이 말차셰이크는 속이 편안하고
포만감 있는 음료이다. 아몬드밀크는 부드러움을 살려주며 레몬즙이 살짝 들어가 텁텁함 없이 깔끔한
뒷맛을 남긴다. 또한 알룰로스로 단맛을 더해 혈당 부담이 낮아 안심하고 마실 수 있다. 아침 공복이나
운동 전후 에너지 보충용으로도 훌륭한 선택이다.

기본 재료

- ☒ 아보카도 1개
- ☒ 말차 분말 1작은술
- ☒ 알룰로스 1작은술
- ☒ 아몬드밀크 ½컵
- ☒ 레몬즙 1큰술
- ☒ 물 ½컵

만드는 법

1. 아보카도 1개를 반으로 갈라 씨를 제거하고 껍질을
   제거해 과육만 준비한다.

2. 믹서에 모든 재료를 넣고 간다.

말차라떼

말차의 쌉쌀한 풍미에 아몬드밀크의 고소함이 어우러진 이 말차라떼는 든든한 저탄수 음료이다. 따뜻하게 데운 아몬드밀크를 조금씩 부어가며 섞으면 말차가루가 뭉치지 않고 고르게 퍼지며 알룰로스로 단맛을 더하면 깔끔하게 마무리된다. 우유 대신 아몬드밀크를 사용해 탄수화물은 줄이고 고소함은 살린 것이 포인트이다.

기본 재료

- ⌗ 말차가루 10g
- ⌗ 아몬드밀크 200㎖
- ⌗ 알룰로스 1큰술

만드는 법

1. 말차가루에 따뜻하게 데운 아몬드밀크를 약간만 넣고 거품기로 거품을 내면서 잘 섞는다.

2. ①에 남은 아몬드밀크를 조금씩 부어주면서 잘 섞는다.

3. 알룰로스를 넣고 섞는다.

1
2
3

고소한 아몬드밀크에 스며든 커피향

카페라떼

에스프레소의 깊고 쌉싸레한 풍미에 아몬드밀크의 고소함이 더해진 카페라떼는 부담 없이 즐기기
좋은 저탄수 음료이다. 따뜻하게 데운 아몬드밀크에 에스프레소를 더하면 커피의 향이 부드럽게
퍼지며 설탕 없이도 깔끔한 맛을 완성할 수 있다. 일반 우유 대신 언스위트 아몬드밀크를 사용해
탄수화물 함량은 낮추고 담백하면서도 크리미한 질감을 살린 것이 특징이다. 단, 카페인은 수분을
배출시키므로 커피가 당길 때 한 잔씩만 마시는 것이 좋겠다.

기본 재료

⊠ 에스프레소 1샷
   TIP 50㎖ 물에 인스턴트
   블랙커피 1봉 또는 1g을 녹여
   사용해도 된다.

⊠ 아몬드밀크(언스위트)
   200㎖

만드는 법

1. 아몬드밀크를 따뜻하게 데운다.

2. 아몬드밀크를 잔에 붓고 에스프레소 1샷을 넣어 섞
   는다.

2

Q1

**공복 시간에는
물만 먹나요?**

많은 분들이 '공복'이라 하면 물 외엔 아무것도 입에 대지 말아야 한다고 생각합니다. 하지만 꼭 그렇는 않습니다. 건더기 없는 사골국이나 미역국, 죽염수, 당분이 없는 영양제 등은 공복 시간에도 섭취가 가능합니다. 이들은 인슐린 분비를 거의 유발하지 않기 때문에 지방 연소 상태를 방해하지 않으면서 공복감을 완화해주는 데 도움이 됩니다.

특히 다이어트를 시작한 첫날, 무엇을 어떻게 먹어야 할지 막막하다면 소고기미역국을 한솥 끓여 두는 것을 추천합니다. 공복 시간에는 건더기 없이 국물만 마시고, 식사 시간에는 고기와 미역을 함께 먹는 방식으로 활용하면 초반 적응기에 큰 도움이 됩니다.

Q2

**음료는 어떤 걸
먹으면 되나요?**

카페라떼, 카푸치노, 과일주스처럼 평소 즐기던 음료가 과연 괜찮은 걸까 고민되시죠? 결론부터 말하자면 단 음료는 대부분 제한하는 것이 좋습니다.

라떼, 카푸치노, 모카, 시판 과일주스 등은 당분 함량이 높아 혈당을 빠른 시간 안에 높이게 됩니다. 다이어트의 핵심은 혈당과 인슐린을 안정적으로 관리하는 것이기 때문에 음료 하나로도 다이어트 리듬이 무너질 수 있습니다.

대신 허브차, 히비스커스차, 대추차, 우엉차, 보이차, 죽염수, 사골국 같은 건강하고 배고픔을 덜어주는 다양한 기호 음료를 준비해 보세요. 특히 죽염수처럼 지방 대사를 도와주는 음료는 식욕을 안정시키고 공복을 연장하는 데 매우 유용합니다.

Q3

**제로콜라는
마셔도 되나요?**

다이어트를 할 때 많은 분들이 가장 헷갈려하는 음료 중 하나가
바로 제로콜라입니다. 당이 없으니 괜찮은 것 아닐까 싶지만, 꼭
그렇다고 말할 수는 없습니다.

제로콜라에 들어 있는 아스파탐, 수크랄로스 등의 인공감미료는
실제 칼로리는 거의 없지만 단맛을 인식시키는 작용을 합니다. 이
단맛은 뇌와 대사 시스템에 '당이 들어왔다.'라는 착각을 유도해
인슐린 반응을 일으킬 수 있습니다. 그 결과 혈당이 실제로 오르지
않았는데도 체지방 저장 시스템이 작동하는 등 혼란이 생길 수
있습니다.

또한 일부 연구에서는 인공감미료가 장내 미생물 균형을
깨뜨리거나 식욕을 자극할 수 있다는 가능성도 제기되고
있습니다. 결국 제로콜라는 몸을 속이는 방식으로 식단을
이어가게 만들며, 장기적으로는 대사 효율을 떨어뜨릴 수도
있습니다. 인공감미료가 잔뜩 들어간 제로콜라 대신 탄산수,
죽염수, 허브차 등 몸을 안정시키고 공복 유지에 도움을 주는 건강
음료를 드시는 걸 추천합니다.

Q4

**잠을 잘 자는 게
정말 다이어트에
중요할까요?**

네, 생각보다 훨씬 더 중요합니다. 다이어트를 하다 보면
식단이나 운동에는 집중하면서도, 정작 수면을 가볍게 여기는
경우가 많습니다. 그러나 수면은 지방 분해와 직접 연결된 핵심
변수입니다.

우리 몸은 잠을 자는 동안에도 지방을 분해하고, 호르몬과 대사를
조절하는 작업을 계속합니다. 특히 숙면을 취할 때 '지방대사
스위치'가 켜지면서 체지방이 에너지로 활용됩니다. 반대로 잠을
제대로 못 자면 렙틴, 그렐린 같은 식욕 조절 호르몬의 균형이
깨지고, 폭식과 야식 욕구가 증가할 수 있습니다.

밤늦게까지 불을 켜고 스마트폰을 보다 잠드는 생활은 지방 연소에 브레이크를 거는 습관입니다. 낮에는 햇빛을 충분히 쬐고, 밤에는 일정한 시간에 잠자리에 드는 규칙적인 수면 루틴이 몸의 리듬을 최적화합니다. 커피 대신 허브차, 죽염수를 마시는 것도 숙면을 유도하는 데 도움이 됩니다.

Q5

매일 집밥을 하기 힘든데도 다이어트를 할 수 있나요?

물론입니다. 매일 집밥을 직접 해 먹는 것이 가장 이상적이긴 하지만, 현실적으로 바쁜 직장인이나 외식이 잦은 분들에게는 어려운 일입니다. 그러나 집밥이 아니면 다이어트가 불가능하다는 고정관념은 버리셔도 됩니다.

핵심은 라이프스타일에 맞춘 식단 전략을 세우는 것입니다. 예를 들어, 직장인이라면 쉽게 만들 수 있는 도시락 반찬을 미리 만들어 놓으면 좋아요. 점심은 토마토달걀볶음을 싸가서 점심때 외식과 함께 먹으면 밥이나 고탄수화물 음식을 배제하고 먹을 수 있겠죠. 저녁은 집에서 미역국, 닭찜, 오이, 파프리카로 간단하게 먹으면 되고요. 간식으로는 견과류, 삶은콩 등을 즐겨보세요. 이렇게 단순한 식단으로도 건강한 다이어트를 지속할 수 있답니다.

Q6

저탄수 식단을 시작했더니 두통이 심하고, 두드러기 같은 피부 반응도 생겼어요. 괜찮은 걸까요?

다이어트 초반에 두통, 무기력감, 졸음, 전신 두드러기, 피로, 감정기복 등이 동반되는 경우가 있습니다. 이유는 다양합니다. 먼저 탄수화물 제한으로 인해 당 공급이 줄어들면, 몸은 지방을 연료로 사용하기 시작합니다. 이때 지방 세포에 저장돼 있던 독소가 함께 배출되면서 두통, 열감, 피부 트러블 등이 나타날 수 있습니다. 이를 '해독 반응' 또는 '케토 플루(Keto flu)'라고 부릅니다. 또한 혈당이 떨어지면 우리 몸은 이를 보상하기 위해 코르티솔 같은 스트레스 호르몬을 분비합니다. 단기적으로는 두통, 열감,

어지럼증, 감정기복, 면역 반응 증가(히스타민 분비) 등도 유발할 수 있습니다.

이런 증상은 일시적인 것으로, 죽염수를 충분히 마셔주는 것만으로도 빠르게 호전될 수 있습니다. 탄수화물이 줄어들면 인슐린 분비도 줄어들고, 이로 인해 신장에서 나트륨과 수분이 빠져나가 탈수 상태가 유발될 수 있습니다. 그래서 나트륨과 수분 보충은 두통 완화에 즉각적인 효과를 보입니다.

또한 휴식을 충분히 취하세요. 심한 무기력감이나 졸림은 몸이 새로운 대사 방식에 적응하고 있다는 신호일 수 있습니다. 이 시기의 피로는 억지로 이겨내기보다는 적절한 수면과 휴식으로 회복하는 것이 더 빠릅니다.

증상이 개선되지 않는다면 잡곡밥 반 공기 등 좋은 탄수화물을 적당히 섭취하는 등 일시적으로 식단을 유연하게 조절해 점증적으로 탄수화물을 줄여나가도 괜찮습니다.

Q7

저탄수 식단을 시작했는데 체중 변화가 거의 없어요. 잘하고 있는 게 맞을까요?

일주일 동안 식단도 철저히 지키고 물도 충분히 마셨는데 체중계 숫자는 그대로라면, '내가 뭘 잘못한 건가' 싶은 생각이 들 수도 있습니다. 하지만 결론부터 말하자면, 다이어트 초반에 체중계의 변화가 없는 건 매우 흔한 일이며, 체중계의 숫자에 집중해서는 안 된다는 얘기를 드리고 싶어요.

다이어트를 시작하면 우리 몸은 '당 중심 대사'에서 '지방 중심 대사'로 전환되는 준비를 시작합니다. 이 과정에서 근육량이 늘고, 수분이 재배분되며, 간에 저장돼 있던 글리코겐을 먼저 소진하게 됩니다. 문제는 이 글리코겐입니다. 간과 근육에 저장된 포도당이 먼저 사용된 후에야 지방이 연소되기 시작하기 때문에, 초반에는 체중 변화가 크게 없을 수도 있습니다. 특히 간에 글리코겐이 많은 사람일수록 지방이 타기까지 더 많은 시간이 필요합니다.

또한 인슐린 수치가 쉽게 떨어지지 않는 사람은 지방 대사가
제대로 작동하기까지 시간이 더 걸립니다. 이럴 경우에는 단순한
16:8 간헐적 단식만으로는 부족할 수 있어요. 1주일에 1~2회,
24시간 이상의 단식을 병행하면 인슐린 수치를 더 효과적으로
낮추고 지방 연소 환경을 더 빠르게 만들 수 있습니다.

또한 초반에는 체중계에 큰 변화가 없더라도, 체지방률이 줄고
근육량이 늘어나는 경우가 많습니다. 근육은 체지방보다 무거우니
체중보다는 근육량과 체지방량을 같이 봐야 합니다.

매일 체중계를 보며 초조해하지 말고, 내가 올바른 방향으로 가고
있다는 믿음을 유지하는 것이 중요합니다. 하루하루 쌓아올린
식단과 공복 시간, 수면과 수분 섭취는 결국 당 대사를 끄고 지방
대사를 열게 됩니다.

과자, 군것질, 간식, 숨어 있는 당 섭취가 계속되고 있지는
않은지 돌아보는 것도 중요합니다. 하루 식단을 사진으로 남기면
객관적인 피드백을 받을 수 있고, 보이지 않던 '사소한 방해
요소'를 쉽게 발견할 수 있으니 하루 식단을 꼭 작성해 보세요.

Q8

**공복 시간이
길어지면
위산역류 때문에
힘들어요.**

간헐적 단식이나 키토 식단을 시작한 분들 중 일부는 초반에 공복
시간이 길어질수록 속이 쓰리거나 위산이 올라오는 듯한 느낌을
호소하곤 합니다. 특히 위산역류가 있거나 위염·역류성식도염
병력이 있는 경우, 단식 중 속쓰림이 심해지며 식사를 미루는 것이
힘들게 느껴질 수 있죠.

이렇게 공복 중 위산이 과도하게 분비되어 위 점막을 자극하는
이유는 다양합니다. 스트레스, 장기간 복용한 소염진통제,
불규칙한 식사 습관 등으로 위장 보호 세포층(위 점막)이 약해진
상태에서는 단식 중 위벽이 직접 자극을 받을 수 있기 때문입니다.
그러나 이럴 땐 오히려 간헐적 단식을 하며 위장을 쉬게 해주는

것이 도움이 됩니다. 미역국이나 사골국, 미음 형태의 단백질 국물은 위장을 보호하면서도 공복 연장을 도와주는 훌륭한 중간 단계 음식입니다. 단식 중에 위산 분비가 과도할 때는 사골국 한 컵을 마시고 식사는 미루는 방식으로 조절해 주세요. 이렇게 위장이 충분한 휴식을 가지게 되면 간헐적 단식은 오히려 위염이나 역류성식도염 치료에 큰 도움이 될 것입니다.